畜禽屠宰检验检疫图解系列丛书

兔屠宰检验检疫图解手册

中国动物疫病预防控制中心
(农业农村部屠宰技术中心)　编著

中国农业出版社
北　京

图书在版编目（CIP）数据

兔屠宰检验检疫图解手册 / 中国动物疫病预防控制中心（农业农村部屠宰技术中心）编著. —北京：中国农业出版社，2018.11

（畜禽屠宰检验检疫图解系列丛书）

ISBN 978-7-109-24776-5

Ⅰ.①兔… Ⅱ.①中… Ⅲ.①肉用兔-屠宰加工-卫生检疫-图解 Ⅳ.①S851.34-64

中国版本图书馆CIP数据核字（2018）第248712号

中国农业出版社出版

（北京市朝阳区麦子店街18号楼）

（邮政编码 100125）

责任编辑 张艳晶

北京中科印刷有限公司印刷 新华书店北京发行所发行

2018年11月第1版 2018年11月北京第1次印刷

开本：787mm×1092mm 1/16 印张：9.25

字数：230千字

定价：80.00元

（凡本版图书出现印刷、装订错误，请向出版社发行部调换）

丛书编委会

主　任　陈伟生
副主任　张　弘　吴　晗　卢　旺
编　委　高胜普　孙连富　曲道峰　姜艳芬
　　　　　罗开健　李　舫　杨泽晓　杜雅楠
主　审　沈建忠

本书编委会

主　　编　吴　晗　杨泽晓

副 主 编　高胜普　尤　华　石　谦　王　印

编　　者（按姓氏音序排列）

　　　　　　付丽萍　高胜普　耿　毅　郝德威　马亮亮

　　　　　　权根花　石　谦　王淑娟　王　印　文萍萍

　　　　　　吴　晗　熊浩山　杨泽晓　姚学萍　尤　华

　　　　　　张朝明　张新玲

审　　稿　王金华　李　琳　王树峰　刘美玲

丛书序

　　肉品的质量安全关系到人民的身体健康，关系到社会稳定和经济发展。畜禽屠宰检验检疫是保障畜禽产品质量安全和防止疫病传播的重要手段。开展有效的屠宰检验检疫，需要从业人员具备良好的疫病诊断、兽医食品卫生、肉品检测等方面的基础知识和实践能力。然而，长期以来，我国畜禽屠宰加工、屠宰检验检疫等专业人才培养滞后于实际生产的发展需要，屠宰厂检验检疫人员的文化程度和专业水平参差不齐。同时，当前屠宰检疫和肉品品质检验的实施主体不统一，卫生检验也未有效开展。这就造成检验检疫责任主体缺位，检验检疫规程和标准执行较差，肉品质量安全风险隐患容易发生等问题。

　　为进一步规范畜禽屠宰检验检疫行为，提高肉品的质量安全水平，推动屠宰行业健康发展，中国动物疫病预防控制中心（农业农村部屠宰技术中心）组织有关单位和专家，编写了畜禽屠宰检验检疫图解系列丛书。本套丛书按照现行屠宰相关法律法规、屠宰检验检疫标准和规范性文件，采用图文并茂的方式，融合了屠宰检疫、肉品品质检验和实验室检验技术，系统介绍了检验检疫有关的基础知识、宰前检验检疫、宰后检验检疫、实验室检验、检验检疫结果处理等内容。本套丛书可供屠宰一线检验检疫人员、屠宰行业管理人员参考学习，也可作为兽医公共卫生有关科研教育人员参考使用。

　　本套丛书包括生猪、牛、羊、兔、鸡、鸭和鹅7个分册，是目前国内首套以图谱形式系统、直观描述畜禽屠宰检验检疫的图书，可操作性和实用性强。然而，本套丛书相关内容不能代替现行标准、规范性文件和国家有关规定。同时，由于编写时间仓促，书中难免有不妥和疏漏之处，恳请广大读者批评指正。

编著者

2018年10月

目 录

第一章

兔屠宰检验检疫基础知识

第一节 兔屠宰检验检疫有关概念与专业术语

1．兔屠体

经宰杀放血后的兔躯体部分（图1-1）。

2．兔胴体

经宰杀放血后除去毛（毛皮）、头、尾、内脏和四肢（腕/跗及关节处稍上）后的躯体部分（图1-2）。

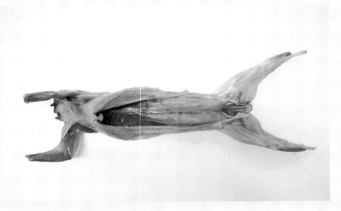

图1-1　兔屠体　　　　　　　　　　　　　　　图1-2　兔胴体

3．内脏（下水）

兔体腔内的心、肝、肺、脾、胰、胃、肠、肾、膀胱、生殖器官等统称内脏（图1-3）。

4．兔肉产品

屠宰、加工后的兔胴体、头、皮张（毛）和内脏等（图1-4）。

5．兔副产品

兔头、内脏及皮毛（毛）等胴体以外的兔肉产品（图1-5）。

6．鲜兔肉

活兔屠宰、加工后，经冷却处理但没有经过冷藏、冻结保存的兔肉产品，包括胴体及其分割产品和食用副产品（兔头、兔内脏等）（图1-6）。

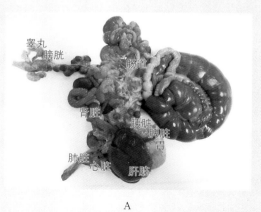
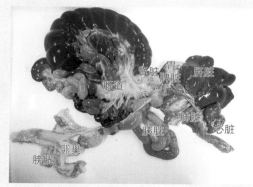

A

B

图1-3　兔脏器

A.公兔脏器　B.母兔脏器

图1-4　主要兔肉产品

图1-5　主要兔副产品

A

B

图1-6　鲜兔肉

A.兔后腿肉　B.兔胴体

7．冻兔肉

活兔屠宰、加工后，经过冷藏、冻结处理的兔肉产品，包括胴体及其分割产品和副产品（兔头、兔内脏等）（图1-7）。

8．肉眼可见异物

肉眼可见的不能食用的甲状腺、病变淋巴结、肾上腺、病变组织、胆汁、瘀血、浮毛、血污、金属、肠道内容物等废弃物和污染物（图1-8）。

图1-7　冻兔肉

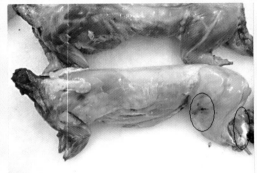

图1-8　兔肉检验肉眼可见异物

9．兔屠宰检验检疫

为保证兔屠宰产品卫生安全和进行疫病控制，在屠宰加工厂进行的毛兔宰前检验检疫、宰后胴体与内脏（脏器）等有关分割物检验检疫及检验检疫结果处理见图1-9。

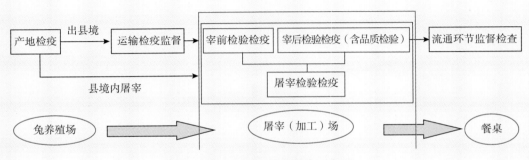

图1-9　兔屠宰检验检疫示意图

10. 兔屠宰产品品质检验

对兔屠宰产品的卫生、质量和感官性状进行的检验（图1-10）。

图1-10 兔屠宰产品品质检验

11. 无害化处理

用物理、化学等方法处理病死及病害动物和相关动物产品，消灭其所携带的病原体，消除危害的过程（图1-11）。

A   B

图1-11 兔屠宰无害化处理

A. 无害化处理室 B. 高温化制

第二节 兔屠宰检验检疫主要控制的疫病症状与病变

兔病毒性出血症（兔瘟）、兔黏液瘤病、野兔热和兔球虫病是农业农村部（原农业部）《兔屠宰检疫规程》规定的4个检疫对象，均属我国二类动物疫病，一经检出，按照《病死及病害动物无害化处理技术规范》（农医发〔2017〕25号）进行无害化处理。兔的产气荚膜梭菌病（魏氏梭菌病）、巴氏杆菌病、葡萄球菌感染、皮肤真菌感染、螨虫病和囊尾蚴病对养兔业危害也非常大，屠宰加工检验时需要重视并按照相关规定进行处理。

一、兔病毒性出血症（兔瘟）

兔病毒性出血症又称兔瘟，病原为兔病毒性出血症病毒，病死兔病变以各脏器具有不同程度的出血、充血和水肿为主。

1. 临床症状

（1）急性型　无任何明显症状，即突然挣扎、抽搐、尖叫后倒地死亡，有些患兔死前鼻孔流出泡沫状的血液（图1-12、图1-13）。患兔死前肛门松弛，流出少量淡黄色的黏性稀便（图1-14）。

图1-12　兔瘟病死兔鼻孔出血

图1-13　兔瘟病死兔鼻孔流出泡沫

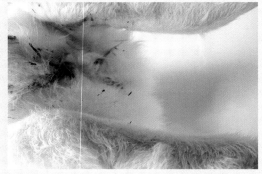

图1-14　兔瘟病死兔肛门处黄色黏性稀便

（2）慢性型　病程2d以上，体温升高可至41℃以上，精神不振，消瘦。

2. 病理变化

肺高度水肿，有大小不等的出血斑点，切面有大量红色泡沫状液体（图1-15、图1-16）。喉头、气管黏膜瘀血或弥漫性出血，以气管环最明显，气管流出大量泡沫（图1-17、图1-18）；肝脏肿胀变性，呈土黄色，或瘀血呈紫红色，有出血斑（图1-19）；肾肿大，呈紫红色，有的可见出血点或出血斑（图1-20）；

病死兔膀胱积尿、肠道黏膜点状出血（图1-21），肠系膜淋巴结肿大出血（图1-22）。

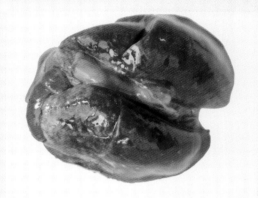

图1-15 兔瘟病兔肺脏斑块状出血

图1-16 兔瘟病兔肺脏出血、充血、水肿

图1-17 兔瘟病兔气管中大量泡沫

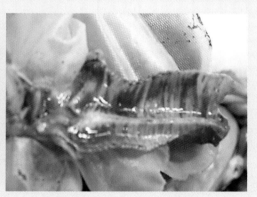

图1-18 兔瘟病兔气管出血

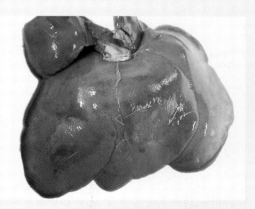

图1-19 兔瘟病兔肝脏黄色肿大、有出血斑

图1-20 兔瘟病兔肾脏肿大出血

 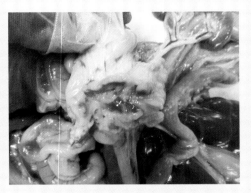

图1-21　病死兔膀胱积尿、肠道黏膜点状出血　　　　图1-22　病死兔肠系膜淋巴结肿大出血

二、兔黏液瘤病

兔黏液瘤病病原为痘病毒科野兔痘病毒属黏液瘤病毒，以全身皮下特别是颜面部和天然孔周围皮下发生黏液瘤性肿胀为特征。目前，我国尚无该病暴发流行的疫情报道。

1. 临床症状

全身各处皮肤上可见大量黏液瘤结节，病兔的上下唇、鼻、眼睑、耳根、肛门及外生殖器均明显充血和水肿，继发细菌感染，眼鼻流出黏液性和黏脓性分泌物，严重的上下眼睑互相粘连，使头部呈狮子头状外观，病兔呼吸困难、摇头、喷鼻、发出呼噜声，最终病变部位变性、出血、坏死，多数惊厥死亡（图1-23、图1-24）。"呼吸型"以呼吸困难和肺炎为主。

 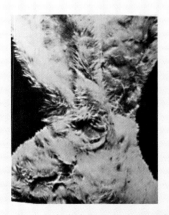

图1-23　兔黏液瘤病病兔眼睑、鼻孔周围皮　　　图1-24　兔黏液瘤病病兔头部大量黏液瘤结节
　　　　　肤肿胀、黏液脓性渗出　　　　　　　　　　（引自任克良、陈怀涛，2014，《兔病诊疗原色图谱》）

（引自任克良、陈怀涛，2014，《兔病诊疗原色图谱》）

2．病理变化

病兔死后眼观最明显的变化是皮肤上特征性的肿瘤结节和皮下胶冻样浸润，颜面部和全身天然孔皮下充血、水肿及脓性结膜炎和鼻漏。淋巴结肿大、出血，肺肿大、充血，胃肠浆膜下、胸腺、心内外膜可能有出血点。

三、野兔热

野兔热又称兔热病、土拉热、土拉菌病等，是由土拉热弗朗西氏菌（*Francisella tularensis*）感染引起。以体温升高、淋巴结肿大、脾和其他内脏点状坏死为特征。我国尚无该病暴发流行的相关报道。

1．临床症状

大部分病例病程较长，体温升高1～1.5℃，运动失调，出现食欲废绝，高度消瘦和衰竭，颌下、颈下、腋下和腹股沟等处淋巴结肿大、质硬。常发生鼻炎，鼻腔流浆液性鼻液，偶尔伴有咳嗽等症状。

图1-25　野兔热病兔肠系膜淋巴结出血、肿大，大量灰黄色坏死灶
（引自任克良，陈怀涛，2014，《兔病诊疗原色图谱》）

2．病理变化

颌下、颈下、腋下和腹股沟等处淋巴结肿大、质硬（图1-25）；肝、脾、肾等内脏器官充血、肿大，有时形成灰白色粟粒大坏死点（图1-26至图1-28）。病程较长时，尸体极度消瘦，皮下少量脂肪呈污黄色，肌肉呈煮熟状，淋巴结显著肿大，呈深红色，肾苍白、表面凹凸不平。

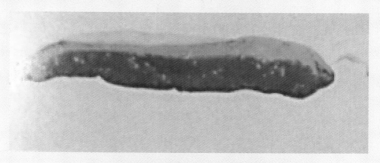

图1-26　野兔热病兔脾脏切面大量灰黄色坏死灶
（引自任克良，陈怀涛，2014，《兔病诊疗原色图谱》）

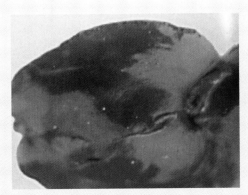 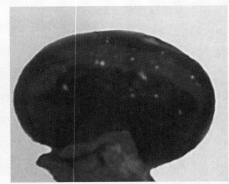

图1-27　野兔热病兔肝脏表面大量大小不等的灰黄色坏死灶

(引自任克良，陈怀涛，2014，《兔病诊疗原色图谱》)

图1-28　野兔热病兔肾脏表面数个粟粒大小的灰黄色坏死灶

(引自任克良，陈怀涛，2014，《兔病诊疗原色图谱》)

四、兔球虫病

兔球虫病是由艾美耳属球虫寄生于兔的小肠或胆管上皮细胞内引起的寄生虫病。1～3月龄的兔最易感而且病情严重，死亡率高；成年兔发病轻微，多为带虫者。

1. 临床症状

病兔食欲减退或废绝，精神沉郁，伏卧不动，兔体消瘦或者生长停滞。眼、鼻分泌物增多，眼结膜苍白或黄染，唾液分泌增多，口腔周围被毛潮湿，体温升高，腹部胀大，臌气，下痢，肛门沾污，排粪频繁（图1-29、图1-30）。肠球虫病有顽固性下痢，甚至血痢，或便秘与腹泻交替发生。肝球虫病则肝脏肿大，肝区触诊疼痛，黏膜黄染。

图1-29　球虫病病兔腹部胀大臌气

图1-30　球虫病病兔下痢，肛门沾污粪便

2. 病理变化

（1）肠型球虫病　见十二指肠壁厚，内腔扩张，黏膜炎症。小肠内充满气体和

大量微红色黏液，肠黏膜充血并有出血点（图1-31）。慢性者，肠黏膜呈灰色，有许多小而硬的白色小结节（内含有卵囊，有的内容物钙化为粉粒样）（图1-32），肠系膜淋巴结肿大，膀胱积有黄色浑浊性尿液，黏膜脱落。

（2）肝型球虫病　兔体消瘦，可视黏膜贫血或黄染，肝肿大，肝表面与实质内有白色或淡黄色大小不等的结节性病灶（图1-33、图1-34），取结节压碎镜检，可见到各个发育阶段的球虫。

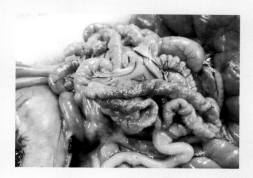
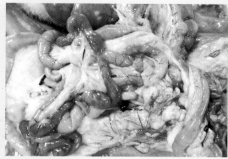

图1-31　球虫病病兔肠道黏膜充血

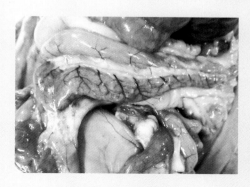

图1-32　球虫病病兔肠道黏膜白色小结节　　图1-33　球虫病病兔肝脏淡黄色结节病灶

图1-34　球虫病病兔肝脏白色结节病灶

（引自任克良，陈怀涛，2014，《兔病诊疗原色图谱》）

五、兔产气荚膜梭菌病

兔产气荚膜梭菌病又称兔魏氏梭菌病、梭菌性腹泻，是由A型产气荚膜梭菌引起，以急性腹泻为特征。

1. 临床症状

急剧下痢，濒死前呈水泻，稀粪污染臀部和后腿，有特殊腥臭味（图1-35、图1-36）。体温一般偏低，精神委顿，拒食，消瘦，脱水。大多数出现水泻的当天或次日死亡，个别病例病程稍长。

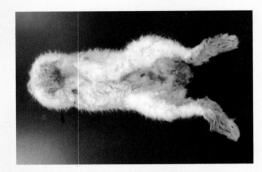

图1-35 兔魏氏梭菌病病兔腹部、肛门周围的黄色粪便沾污

图1-36 兔魏氏梭菌病病兔肛门周围与尾部的水样粪便污染

2. 病理变化

病兔肛门附近和后肢被毛染粪，剖开腹腔可嗅到特殊臭味。小肠内充满气体，肠壁菲薄透明，并有弥漫性充血和出血（图1-37、图1-38）。胃底黏膜脱落，有溃疡灶（图1-39、图1-40）。肝质脆（图1-41），脾深褐色，膀胱积茶色尿液。

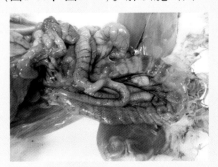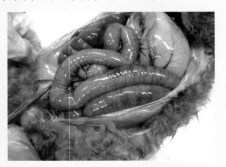

图1-37 兔魏氏梭菌病病兔肠道浆膜出血　　图1-38 兔魏氏梭菌病病兔肠道充气和出血

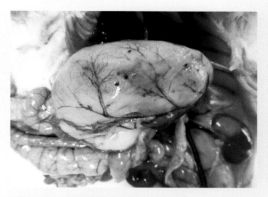 

图1-39　兔魏氏梭菌病病兔胃底黑色溃疡斑点　　　图1-40　兔魏氏梭菌病病兔胃黏膜脱落与溃疡

图1-41　兔魏氏梭菌病病兔肝脏出血、质脆

六、兔巴氏杆菌病

兔巴氏杆菌病由多杀性巴氏杆菌引起发病，以冷热交替、气温骤变、潮湿多雨季节多发。临诊特征包括鼻炎、地方流行性肺炎、败血症、中耳炎、结膜炎和睾丸炎等。

1. 临床症状

病兔可见精神不振，食欲减退，体温升高到41℃，鼻腔流出浆液性、黏液性或脓性分泌物（图1-42），鼻液在鼻孔处结痂，呼吸困难，打喷嚏、咳嗽。有的表现为流泪，结膜发炎，眼内有分泌物，黏连眼睑（图1-43）。有时腹泻或下痢。内耳和脑部感染时可导致斜颈病（歪头症），两眼不能正视。子宫发炎时，母体阴道有脓性分泌物。公兔睾丸炎可表现一侧或两侧睾丸肿大，有时触摸感到发热。

图1-42 兔巴氏杆菌病病兔鼻腔流出浆液性、黏液性或脓性分泌物

图1-43 兔巴氏杆菌病病兔眼内有分泌物，黏连眼睑、有结痂

2. 病理变化

胸腔积液。肺充血、出血、水肿或有脓肿，或肺部有纤维素附着物。心包积液，心脏内外膜有出血斑点，肝脏有许多坏死灶，脾和淋巴结肿大、出血。肠黏膜充血、出血，胸腹腔有多量积液。鼻炎型鼻腔内积有多量的鼻汁，鼻黏膜和鼻窦充血、肿胀或有散在性出血点；地方流行性肺炎者肺内有实变、脓肿、白色小结节，胸膜及心包膜常有纤维蛋白覆盖。急性败血型者上呼吸道黏膜充血、出血并有多量分泌物。亚急性型者鼻腔和气管黏膜充血、出血并有分泌物（图1-44至图1-53）。

图1-44　兔巴氏杆菌病病兔肺脏充血、水肿

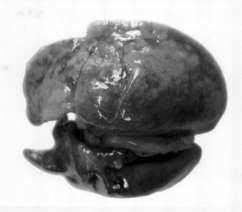

图1-45　兔巴氏杆菌病病兔肺脏出血

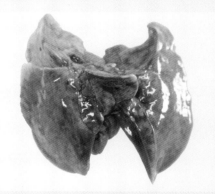

图1-46　兔巴氏杆菌病病兔肺脏出血斑点

图1-47　兔巴氏杆菌病病兔一侧肺脏脓肿

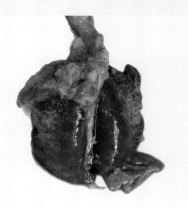

图1-48　兔巴氏杆菌病病兔两侧肺脏脓肿
　　　　出血

图1-49　兔巴氏杆菌病病兔肺脏纤维素性
　　　　渗出

图1-50　兔巴氏杆菌病病兔肺脏脓肿与胸腔
　　　　　积液

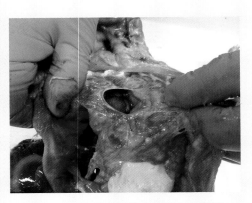

图1-51　兔巴氏杆菌病病兔心包积液

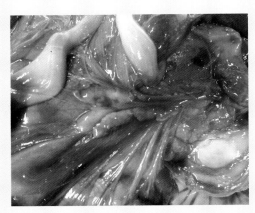

图1-52　兔巴氏杆菌病病兔肠系膜淋巴结
　　　　　肿大

图1-53　兔巴氏杆菌病病兔脾脏充血肿大

七、兔葡萄球菌感染

兔葡萄球菌病由金黄色葡萄球菌感染引起，以内脏器官、肌肉和皮下组织化脓为主要特征病变。

1. 临床症状

可见患兔头、颈、背、腿等部位的皮下形成一个或几个脓肿，大小不一，一般由豌豆大至鸡蛋大，剖开流出浓稠的牙膏状脓液（图1-54至图1-57）。乳房局部皮肤呈紫红色或蓝紫色，有硬实或柔软脓肿。

2. 病理变化

在皮下、心脏、肺、肝、脾等内脏器官以及肌肉、睾丸、附睾、子宫和关节等处有脓肿，内脏脓肿多被结缔组织包囊包裹，脓汁呈乳白色奶油状（图1-58至图

1-63）。乳房和腹部皮下结缔组织化脓，脓汁呈乳白色或淡黄色油状。胸腔、腹腔积脓，浆膜有纤维蛋白附着。

图1-54　兔葡萄球菌病病兔颈部皮下脓肿

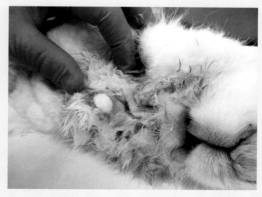

图1-55　兔葡萄球菌病病兔皮下脓肿流白色膏状脓液

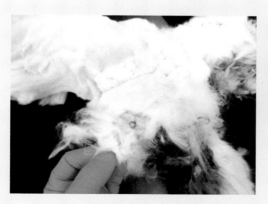

图1-56　兔葡萄球菌病病兔腿部脓肿

图1-57　兔葡萄球菌病病兔颌下脓肿

图1-58　兔葡萄球菌病病兔的淡黄色奶油状脓汁

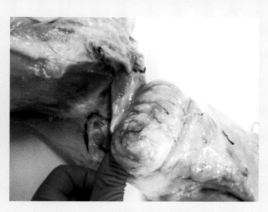

图1-59　兔葡萄球菌病病兔前肢皮下脓肿

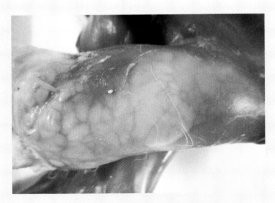

图1-60　兔葡萄球菌病病兔腿部皮下脓肿

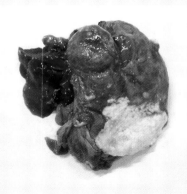

图1-61　兔葡萄球菌病病兔肺脏白色脓汁

图1-62　兔葡萄球菌病病兔肺脏上大小不等的脓肿

图1-63　兔葡萄球菌病病兔肾脏脓肿

八、兔皮肤真菌感染

兔皮肤真菌感染又称兔毛癣病，由致病性皮肤真菌感染皮肤表面和毛囊引起。

发病兔可见口、鼻、眼、耳根部、四肢、爪和身体其他部位出现大面积明显脱毛、断毛现象，以及灰白色皮屑和皮屑脱落的现象（图1-64）。严重者由于患处奇痒导致摩擦或者啃咬引起皮肤损伤，甚至结痂化脓，一般无剖检病理变化。

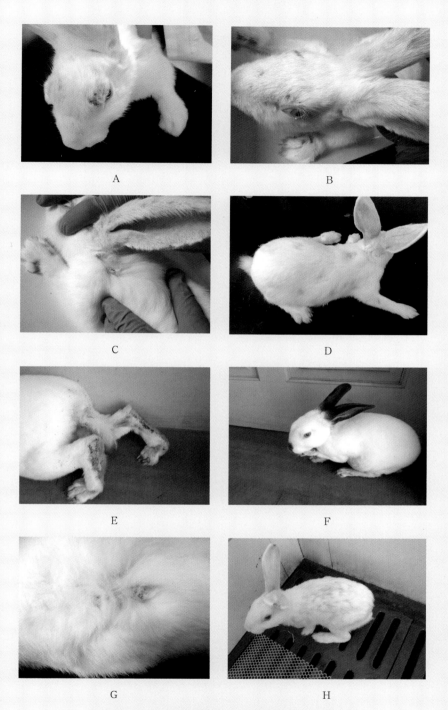

图1-64　兔皮肤真菌感染出现脱毛、断毛病变
A.眼周脱毛　B.耳部脱毛　C.耳周脱毛　D.背部脱毛　E.后肢脱毛　F.前肢奇痒啃咬
G.腹部乳房周围脱毛　H.体表大面积断毛脱毛

九、兔螨虫病

兔螨虫病也称疥癣病，是由痒螨（耳螨）或疥螨引起兔皮肤病变为主要特征的寄生虫病。

疥螨病毛兔耳朵内有渗出物和黄色的痂皮，严重的会塞满耳道，甚至侵害神经系统，出现歪头症状（图1-65）。疥螨病毛兔可见嘴、鼻周围和脚爪等患处出现灰白色结痂，皮肤变厚、龟裂，病变向鼻梁、眼圈和脚部蔓延（图1-66）。病兔有啃咬脚部和用兔爪抓挠患处的症状。病情加重时出现炎症、血痂、嘴唇肿胀，进而影响采食、消瘦死亡。兔螨虫病一般无明显剖检病理变化。

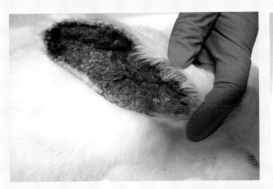

图1-65　兔痒螨感染耳部病变

A　　　　　　　　　　　　　　　B

C   D

图1-66　兔疥螨感染常见病变
A.耳边缘、耳廓内皮肤粗糙结痂　B.嘴、鼻周围及前肢脱毛结痂　C、D.脚爪周围较厚的结痂

十、兔囊尾蚴病

绦虫虫卵感染兔体后发育成囊尾蚴引起兔囊尾蚴病（图1-67），其中以家兔豆状囊尾蚴病较多见。

轻度感染，临床表现不明显。重度感染家兔表现为食欲不佳、腹胀、消瘦、被毛粗乱、贫血，甚至死亡等。剖检后在胃、肠网膜、肝、肾及腹壁上可见数量不等的黄豆大小水疱样的豆状囊尾蚴（图1-68）。肝肿大（图1-69），表面可见灰白色条纹，严重者腹水增多。

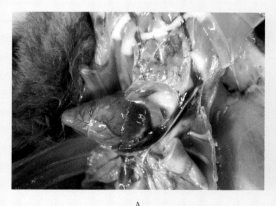

A   B

图1-67　兔囊尾蚴病
A.胸腔囊尾蚴虫体　B.腹腔系膜大量水疱样虫体

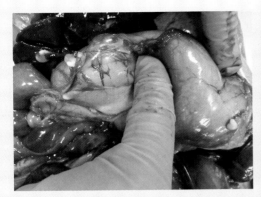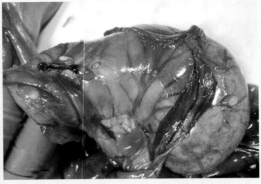

图1-68 兔豆状囊尾蚴病病兔腹腔系膜大量豆状大小水疱样虫体

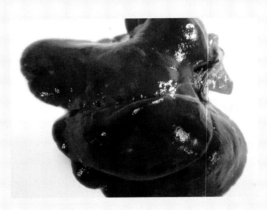

图1-69 兔囊尾蚴病肝脏肿大质脆

第三节 兔屠宰检验检疫主要控制的品质异常肉

　　兔屠宰检验检疫主要控制的品质异常肉包括气味异常肉，色泽异常肉，组织器官病变，病、死兔肉，冷冻和冷却肉异常等，一经检出确认不可食用者，按照《病死及病害动物无害化处理技术规范》等相关规定进行无害化处理。

一、气味异常肉

　　肉腐败变质、饲料气味、病理性气味、药物气味和贮藏环境的异味等均可引起兔肉气味和滋味的异常（图1-70）。直接检查兔肉的气味，注意有无异味。通过煮沸后肉汤试验，检查肉汤的气味与滋味。

图1-70　腐败变质兔胴体

二、色泽异常肉

（一）放血不全

放血不全多由屠宰放血操作不当或者病理性因素引起。胴体的色泽较暗，肌肉中毛细血管充血，肌肉切面有血液流出（图1-71）。严重的，内脏颜色变暗。

图1-71　放血不全胴体
左．放血不全胴体　右．正常胴体

（二）黄疸

因机体胆汁排泄发生障碍导致大量胆红素进入血液，引起全身组织发黄，常见于肝病、传染病和中毒等。宰前可见皮肤、眼结膜等可视黏膜呈黄色。宰后可见皮肤、结膜、黏膜等部位呈不同程度黄色，肝脏和胆管可见病变。严重者，胴体放置一天黄色也不消褪，并伴有肌肉变性和苦味（图1-72）。

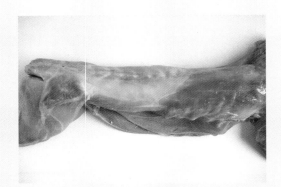

图1-72 兔黄疸胴体不同组织黄染

三、组织器官病变

（一）出血

出血是指血液从心脏和血管进入组织间隙或者体腔、体表（图1-73、图1-74），多由屠宰操作不当或者病理性因素引起。

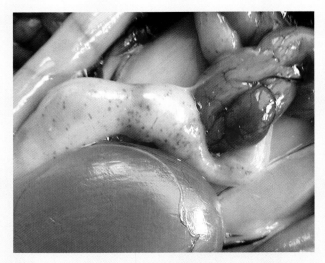

图1-73 兔瘟引起的肠道浆膜出血

图1-74 兔肝脏肿胀出血

（二）脓肿

脓肿是在急性感染过程中，动物机体因病变组织坏死或液化而出现的局限性脓液积聚，外周有完整的脓壁包裹（图1-75）。

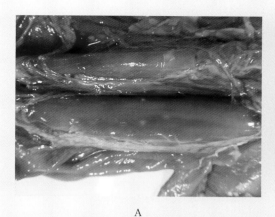
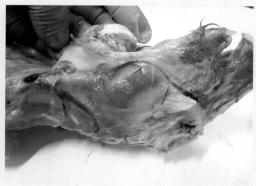

图1-75　兔脓肿病变（葡萄球菌感染）
A.胴体肌肉中粟粒大小脓肿　B.颌下脓肿（葡萄球菌感染）

四、病、死兔肉

病、死兔肉多见发病后濒死期急宰或者死后冷宰的兔肉。不仅危害人体健康，也可能造成疾病传播，因此不得食用，所有产品作化制或焚烧处理。

病、死兔肉一般可见胴体放血不良，呈暗红色，按压肌肉会有少量暗红色血液渗出；血管内积有暗紫红色血液（图1-76）。

图1-76　病死兔胴体颜色暗红，血管内有紫红色血液或血凝块

五、常见冷却肉和冷冻肉的异常变化

兔肉在冷加工和贮藏中，由于受到微生物污染、环境因素及加工方法条件等影响，也会出现一些异常变化，常见的有变色、发霉、异味等（图1-77、图1-78）。

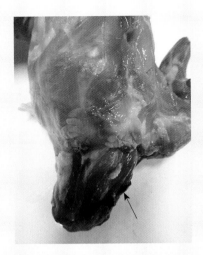

图1-77　兔颈部肌肉变黑，部分
　　　　脂肪呈灰绿色

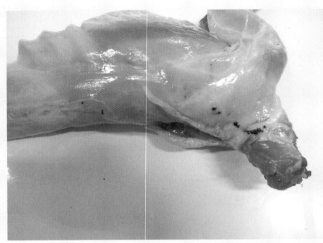

图1-78　兔胴体颈背部点状霉变

第四节　兔屠宰加工与检验检疫应遵循的原则要求

一、兔屠宰加工与检验检疫流程

根据《兔屠宰检疫规程》《畜禽屠宰卫生检疫规范》等要求，一般的兔屠宰加工与检验检疫流程见图1-79。

二、屠宰加工要求

按照《鲜、冻肉生产良好操作规范》（GB/T 20575—2006）、《家畜屠宰质量管理规范》（NY/T 1341—2007）、《食品安全国家标准　畜禽屠宰加工卫生规范》（GB 12694—2016）等规定介绍保持兔屠宰产品质量的屠宰加工相关方面要求。

1. 静养

活兔宰前应充分休息，在指定场所静养（图1-80）。静养期间停止喂食，给予充足饮水直至屠宰前2h，以改善胴体品质和减少胴体污染机会。

2. 致昏与放血

屠宰兔应尽可能选用无痛苦方法（如电麻法，100～130V，3～5s）致昏活兔。

致昏后立即倒挂切颈放血，沥血2min以上，放血应完全。每次放血时，放血刀具都要用流动水立即冲洗，每3~5min更换一把消毒刀具（图1-81）。

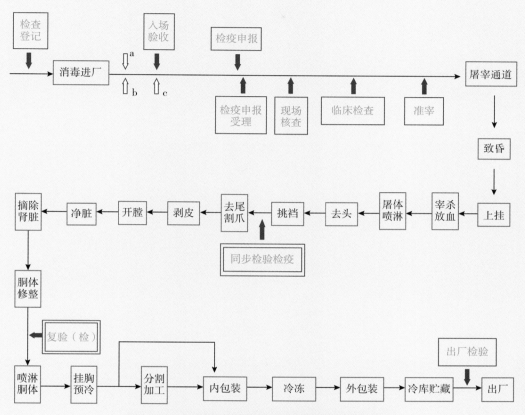

图1-79　兔屠宰加工基本流程与检验检疫岗位设置

图1-80　活兔宰前于待宰间静养休息

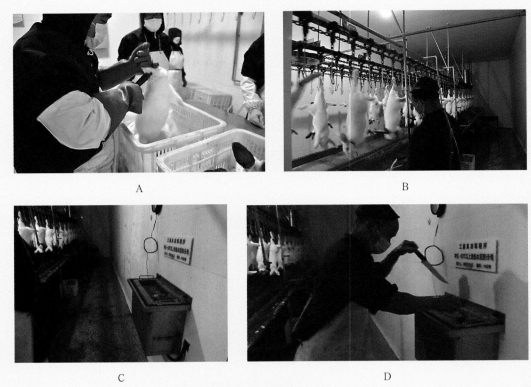

图1-81　致昏与放血

A.电麻　B.颈部放血　C.放血刀具消毒　D.更换放血刀具

3. 去皮（剥皮）

通过挑裆、挑断腿皮、割尾、割开腹膜、剥皮进行去皮处理（图1-82），每步操作刀和手均需用流动水冲洗，剥皮时应避免损伤皮张和胴体，防止污物、皮毛、脏手沾污胴体。

图1-82　挑裆与剥皮

A.挑裆割尾操作　B.剥皮操作

4．内脏摘除与处理

开膛时切忌划破胃肠、膀胱和胆囊。开膛后由检验人员按宰后检验要求进行体腔和相关内脏的检验和检验结果记录。检验后，内脏应立即与胴体分离，并固定程序、指定专人用消毒剪刀去除不适于人类食用的部分。摘除的脏器不准落地，心、肝、肺和胃、肠、胰、脾应分别保持自然联系（图1-83）。

A   B

图1-83　去内脏操作
A．打开体腔与脏器检验检疫　B．去内脏

5．冷却

经检疫检验合格的兔肉胴体应进入符合GB 12694—2016要求的冷却间预冷（图1-84）。

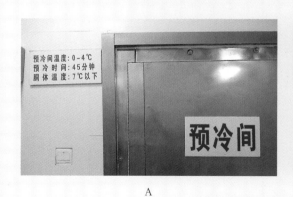

A   B

图1-84　兔肉分割加工前预冷
A．预冷间与要求　B．预冷结果测定

6．分割加工

分割间温度应控制在12℃以下。工作人员穿戴工作服、口罩、帽子和水鞋等，并严格按照卫生要求进行消毒处理。剔骨修肉时动作要熟练准确，不留小骨、碎骨、软骨及伤斑，做到肉里不带骨、骨上不带肉（图1-85）。

A　　　　　　　　　　　　　　　　B

图1-85　兔肉分割加工
A.分割加工间温度　B.分割加工操作

7. 冻结

冻结的产品，应在库温−28℃以下、相对湿度80%~95%的条件下，在48h内使兔肉中心温度降至−15℃以下（图1-86）。

图1-86　兔肉冻结间温度

8. 包装、储存和运输

兔肉产品的包装、储存和运输条件和要求应符合GB/T 191、GB 7718、GB 12694等相关规定（图1-87）。

A   B

图1-87　兔肉储存与运输

A. 储存冷库　B. 运输车辆

9. 其他方面

运输兔肉品和副产品的工具应采用有车轮的装置（图1-88）。车间的输送设备不应造成肉品污染，屠宰加工过程应采取适当措施避免可疑动物胴体、组织、体液（胆汁、尿液等）、胃内容物污染其设备和场地；污染的设备和场地应在兽医监督下清洗消毒后才能恢复使用（图1-89）；被脓液、病理组织、胃内容物、渗出物等污物污染的胴体或肉类应按有关规定剔除和处置（图1-90）。

图1-88　兔肉产品带轮运输工具

图1-89　屠宰加工间清洗消毒边池

图1-90　屠宰加工间废弃物容器

三、人员卫生及人员防护

（一）人员卫生

在兔屠宰加工和检验检疫过程中，必须重视工作人员卫生，主要包括以下几个方面。

（1）经体检合格取得所在区域医疗机构出具的健康合格证（图1-91）后方可上岗，工作人员要定期进行身体健康检查，必要时做临时健康检查，应定期接受必要的预防注射等卫生防护，以免感染人畜共患病。凡患有影响食品安全疾病的工作人员，应调离食品生产岗位。

图1-91　工作人员健康合格证图例

（2）不同卫生要求的区域或岗位的人员应穿戴不同颜色或标志的工作服（图1-92），以便区别，作业期间不得串岗。

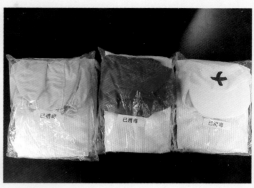

A   B

图1-92 不同岗位工作人员的衣物

A.屠宰区工作衣物 B.宰后检验检疫区工作服

（3）工作人员应具备良好的个人卫生习惯，保持个人清洁。工作时不应将与生产无关的物品带入车间，不应戴首饰、手表，不应化妆；进入车间时应更换经有效消毒的工作服、帽、鞋、靴等，应洗手、消毒，工作服应盖住外衣、头发不露于帽外，接触直接入口食品的加工人员，必须戴口罩（图1-93）。离开车间时应换下工作服，每班换洗干净。工作服应集中管理，统一清洗消毒，统一发放（图1-94、图1-95）。妥善保管自己的工作衣物、检验或屠宰工具。

图1-93 屠宰加工车间工作要求   图1-94 待清洗消毒衣物

A   B

图1-95　洗衣房与清洗干净的衣物

A. 洗衣房　B. 清洗干净的衣物

（4）开始工作之前，上厕所之后，手接触脏物、吸烟或用餐后，处理被污染的原材料后，以及从事与生产无关的其他活动后返回工作岗位前都应洗手、消毒（图1-96）。

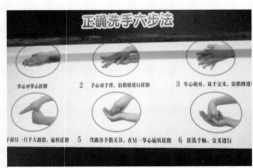

图1-96　工作开始前洗手图例

左. 洗手操作　右. 洗手方法

（5）不得在生产车间更衣；不得在车间饮水、进食、吸烟、随地吐痰；不得对着屠宰加工产品咳嗽或者打喷嚏（带着口罩也不例外），更不允许工作时拧鼻涕、掏耳朵、剔牙等，如有需要应到卫生间处理，消毒后方能继续工作（同图1-93）。

（二）人员防护

屠宰加工过程，畜禽自身携带的或屠宰环境中的致病性微生物不仅会危害到屠宰畜禽及其产品卫生质量和屠宰场周边生态环境，也会威胁到屠宰加工的工作人员、检验检疫人员以及其他密切接触人员身体健康，因此需要采取一系列预防和控制措施加强个人安全防护。

1．个人防护

（1）定期对工作人员进行生物安全、卫生安全教育，以及进行《动物防疫法》《食品卫生法》等相关法律法规、规章等规范性文件的宣传学习（图1-97）。

（2）工作人员要穿戴专用防护衣帽、口罩、乳胶手套、胶水靴等，并按照要求实施有效的消毒（图1-98）。此外，急宰间的工作人员应该相对稳定，

图1-97　屠宰加工相关文件规定

工作期间不得与其他车间人员相互来往，工作时要配戴防护镜、乳胶手套、围裙。

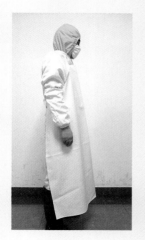
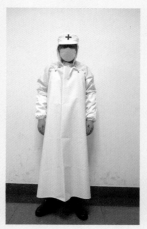

图1-98　兔屠宰加工与检验检疫不同工作岗位衣帽穿着

（3）工作人员要严格按照屠宰、检疫、检验等相关规程操作。

2. 意外伤处理

车间内应配备有外伤急救箱（图1-99）。凡受伤的人员，应立即停止作业，采取妥善处理措施包扎防护，严重者立即前往医院就诊处理。未加防护处理前，不得继续从事屠宰加工或检验检疫工作。

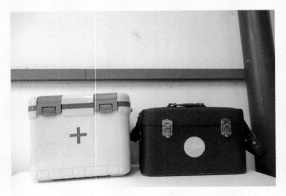

图1-99　兔屠宰加工与检验检疫外伤急救箱

四、消毒

清洁与消毒是家畜屠宰质量管理中卫生管理的重要组成部分，应严格按照《食品安全国家标准　畜禽屠宰加工卫生规范》（GB 12694—2016）、《屠宰企业消毒规范》（SB/T 10660—2012）等要求实施卫生消毒。下面主要介绍正常情况下兔屠宰检验检疫相关的消毒要求。

1. 进出场消毒

流动性的运输车辆按照相关规定实施有效的消毒（图1-100、图1-101）。

2. 圈舍消毒

待宰圈要求进圈前清洗，出圈后清扫消毒（如喷洒2%~3%的NaOH消毒液），消毒后用清水冲洗干净（图1-102）。

图1-100　流动车辆经门口消毒池和喷雾消毒后进入厂区

A   B

图1-101　运输车辆清洗消毒器械
A.压力清洗消毒器具　B.普通喷雾消毒器

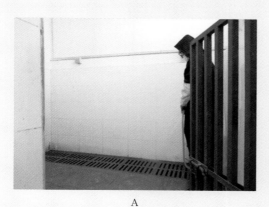

A   B

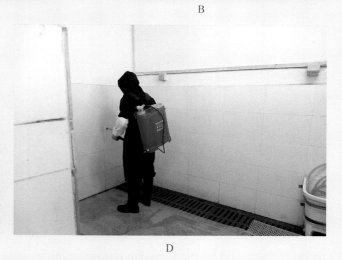

C   D

图1-102　待宰圈清洗消毒
A.进圈前清洗　B.进圈前消毒　C、D.出圈后清洗消毒

3．生产区消毒

车间、洗手间门口要设置合理的消毒设施设备（图1-103）。每日工作前后屠宰箱、放血槽、操作台等设备和地面、墙壁各清洗消毒一次。

A   B

C

图1-103　生产区消毒设施

A.洗手消毒设备　B、C.车间门口消毒池

4．工器具消毒

屠宰与检疫过程中，接触胴体的工具应用不低于82℃的热水消毒，每班用后彻底清洗消毒；生产结束后应将工器具放入指定地点；胶靴、围裙等橡胶制品、工作服、口罩、手套等按照有关规定进行消毒处理，或采用一次性用品。若所用工具（刀、钩等）触及带病菌的屠体或病变组织应立即停止操作进行清洗和彻底消毒（图1-104）。

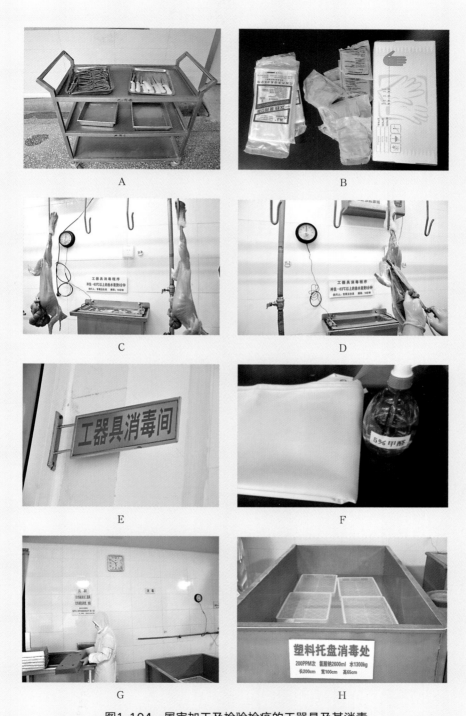

图1-104　屠宰加工及检验检疫的工器具及其消毒

A.相关工器具　B.一次性口罩、手套等材料　C、D.屠宰与检验检疫中刀具常规消毒

E.工器具消毒间　F.围裙的消毒　G.钢制容器清洗消毒　H.塑料器材清洗消毒

5．人员消毒

（1）工作人员进入生产区前，先用75%酒精擦拭消毒洗手消毒后更换工作衣帽，再经过洗手消毒方可进入生产车间。

（2）生产中清洁作业区工人每40～60min进行一次洗手和75%酒精消毒（图1-105）。

A

B

C

D

图1-105　进入生产区消毒要求

A.更衣前消毒　B.更衣　C.洗手　D.鞋底消毒

A

B

图1-106　屠宰加工及品质检验中消毒要求

A.洗手消毒程序图　B.专人负责工作中洗手消毒

第二章

兔宰前检验检疫

第一节　兔宰前检验检疫岗位设置及流程

兔宰前检验检疫是兔产地检疫和运输检疫监督工作的延续，主要涉及收购毛兔的进厂检查、车辆消毒、毛兔验收、检疫申报与受理、现场核查、临床健康检查等内容，具体见图2-1。

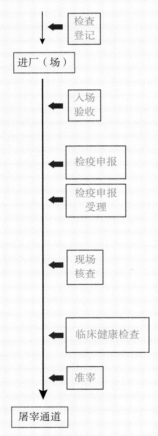

图2-1　兔宰前检验检疫岗位设置与流程

在进行检验检疫工作时，厂方需要1~2名工作人员依次进行检查登记、进场消毒、毛兔验收和检疫申报工作，卫生监督机构安排1~2名官方兽医完成检疫申报受理、现场核查和临床检查等工作。此外，检疫申报、受理、现场核查工作设岗也可一起提前至静养前进行。

第二节　兔宰前检验检疫操作

一、检查登记与入场验收

（一）索证与询问

向货主索要产地检疫《动物检疫合格证明》（图2-2），询问与观察兔运输途中有无异常或死亡情况（图2-3、图2-4），然后消毒入场进行毛兔验收（图2-5）。

图2-2　索证

图2-3　绕车观察毛兔状态

图2-4　询问与记录

图2-5　消毒入场

（二）临床健康检查

检查兔只的精神状况、外貌、呼吸状态及排泄物状态等情况，核对兔数量（图2-6）。

1. 毛兔临床健康检查部位结构

毛兔临床健康检查涉及毛兔体表、头部、躯干、四肢等各个结构部位，见（图2-7）。

图2-6　毛兔验收检查　　　　　　　　图2-7　毛兔临床检查结构部位

2. 毛兔临床健康检查流程与操作

在验收间分别对毛兔进行群体检查和个体检查，重点检查兔只的精神状况、外貌、呼吸状态及排泄物状态等情况，并核对兔数量。

（1）群体检查　打开笼盖逐笼观察毛兔精神状态、呼吸情况及排泄物状态，并核对数量（图2-8至图2-11）。

图2-8　逐笼检查毛兔精神状态　　　　图2-9　毛兔呼吸状态检查

图2-10　核对数量　　　　　　　　　　图2-11　毛兔排泄物状态观察

（2）个体检查　打开笼盖，随机抽取毛兔进行个体检查。用手轻握兔子耳朵进行体温检查，必要时用体温计测量（正常值38～39.5℃）。然后一只手抓着毛兔脖子后的皮毛提起，另一只手拖住毛兔臀部靠在胸前，直接或者放在检验台（或兔笼上）观察精神状态、呼吸情况（正常值56～60次／min）、外貌、可视黏膜、体表皮肤、体表淋巴结和四肢等部位（图2-12至图2-17）。

图2-12　打开笼盖进行抽查　　　　　　图2-13　取兔个体检查

图2-14　外貌整体观察　　　　　　　　图2-15　呼吸状态观察

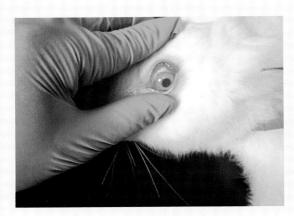

图2-16　可视黏膜眼结膜检查　　　　　图2-17　口鼻可视黏膜检查

（三）待宰静养

经索证询问与验收均合格者（图2-18至图2-20）为通过验收，进行记录登记和静养（图2-21、图2-22）。

图2-18　兔体运动协调，兔毛干净整齐，反应灵敏，精神状态良好

图2-19　眼睛明亮有神，呼吸均匀，可视黏膜正常

图2-20　排泄物形状颜色正常

图2-21　入场检验后送待宰间静养

图2-22　待宰兔只分圈后静养

（四）异常情况

运输过程中大量死亡的（图2-23）、疑似传染病的（图2-24至图2-26）、来源不明或证明文件不全的，拒绝接收。

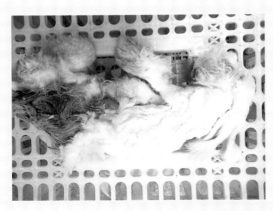

图2-23　死亡兔只

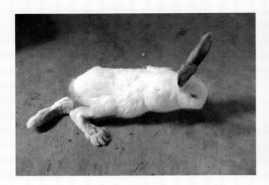

图2-24　病兔后肢瘫痪，被粪便污染

图2-25　疑似染疫兔只

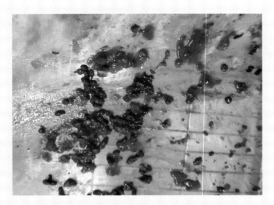

图2-26　排泄物状态异常（黏性粪便）

二、检疫申报与受理

一般在宰前6h进行屠宰检疫申报（图2-27），官方兽医接到检疫申报后，根据动物检疫合格证明（图2-28）、入场（厂）检查记录（图2-29）等情况决定是否予以受理。经受理的，应该在规定时限内实施检疫；不予受理的，应说明理由。

图2-27　兔屠宰检疫（宰前检查）申报与受理　　图2-28　提供兔产地检疫《动物检疫合格证明》

图2-29　提供入场验收健康检查情况记录

三、现场核查

一般安排1～2名官方兽医在检疫申报后进行现场核查，生产中有的设岗在验收间与入场验收同时进行。

（一）核查证物（查证验物）

查验屠宰场回收的《动物检疫合格证明》，查验兔运输途中有无异常或死亡情况询问记录（图2-30），核对兔只数量（图2-31）。

图2-30　查验证明与记录

图2-31 核对兔只数量

（二）核查临床健康检查情况

通过兔群体的精神状况、外貌、呼吸状态及排泄物状态等情况核查毛兔健康检查情况（图2-32），其操作流程、操作方法同入场验收。若在待宰间核查临床健康检查情况，可通过静态、动态、饮水（食）状态进行群体与个体健康检查情况核查（图2-33）。

图2-32 验收时对毛兔进行临床健康检查情况核查

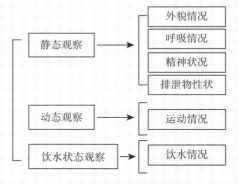

图2-33 兔健康情况现场"三态一查"核查内容

（三）异常情况

运输途中出现非物理因素死亡、疑似染病等异常情况（图2-23至图2-26）或现场核查发现异常情况（图1-42，图1-64至图1-66）的，转入隔离间隔离观察，待宰间消毒处理。怀疑患有《兔屠宰检疫规程》规定疫病（图1-12至图1-14，图1-23、图1-24、图1-29至图1-30）的，按照每批次至少30头份采集样品送实验室检测。

四、临床检查

一般情况下，宰前1h内官方兽医按照《兔产地检疫规程》对静养的待宰兔实施临床检查（图2-34）。其中，个体检查的对象包括群体检查时发现的异常兔和随机抽取的待宰兔（每车抽60～100只）。

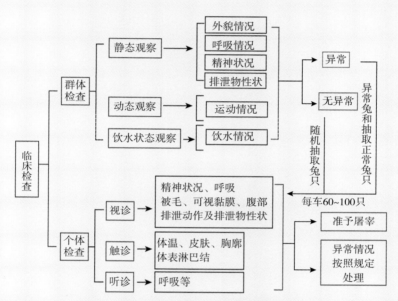

图2-34 待宰兔的临床检查方法与内容

注：虚线代表该项目不执行。

（一）群体检查

通过静态、动态等方面（因停止饮水，不观察饮水状态）观察待宰间兔群精神状况、外貌、呼吸状态、运动状态及排泄物状态等（图2-35）。

图2-35 待宰兔群体静态、动态、精神状态和排泄物状态观察

（二）个体检查

随机抽取规定比例数量的毛兔通过视诊和触诊等方法进行个体检查（图2-36）。

图2-36　待宰兔个体检查

（三）正常情况

入场满6h，临床检查健康、未发现异常现象者（图2-37），临床检查合格，准予屠宰（图2-38）。

图2-37　兔群精神状态良好，外貌整齐干净，临床检查健康

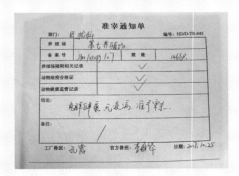

图2-38　临床检查合格者签发《准宰通知单》（示例）

（四）异常情况

临床检查发现异常情况（图1-35、图1-36、图1-42、图1-43、图1-54至图1-57，图2-39至图2-44）或怀疑患有规定疫病者（图1-12至图1-14，图1-23、图1-24、图1-29、图1-30）缓宰，隔离观察，按有关规定处理。

图2-39　毛兔耳部损伤

图2-40　毛兔腿部脱毛损伤

图2-41　毛兔臀部皮肤损伤化脓

图2-42　毛兔全身严重脱毛

图2-43　毛兔眼部严重感染化脓

图2-44　毛兔鼻孔有黏性分泌物，结痂，呼吸困难

第三章

兔宰后检验检疫

活兔屠宰后按照《兔屠宰检疫规程》进行的检疫与品质检验中卫生质量和感官性状检验关系密切，共同构成了肉品安全的重要环节，统称为宰后检验检疫。

第一节　兔宰后检验检疫岗位的设置及流程

兔宰后检验检疫是宰前检验检疫工作的继续和补充，可以发现无明显症状的感染病例，是疾病检疫和保证兔肉产品卫生质量的关键部分。主要涉及胴体体表检验、胸腹腔及脏器检验和胴体复验（检）等内容。相关检验检疫岗位的设置及流程见图3-1。

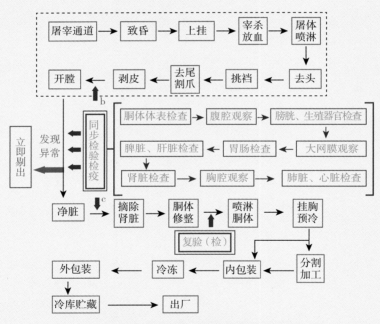

图3-1　兔宰后检验检疫岗位设置与检验检疫流程

兔宰后检验检疫中肉尸体表检查（b处）和胴体检查（c处）都常设置在开膛后与脏器检验同时进行。因此，同步检验（检疫）位置一般设置胸腔及脏器检查岗和腹腔及脏器检查两个岗位，每岗需要1~2名检验人员（通常1人检验，1人记录），屠宰检疫的官方兽医一般按照1%屠宰比例抽检（1万只以下抽检60只），主要检查肠道、肝脏、肾脏、肺脏和心脏部位。检出异常者扩大抽检比例。

第二节　兔宰后检验检疫操作

因兔屠宰场规模化屠宰加工时兔头部、爪和皮毛在脏器检验前已经去除，因此兔爪主要在宰前进行检查，截去的四肢部分常做废弃物不进行宰后检验检疫，体表皮肤检验在宰前通过视诊和触诊进行检查，兔头部和皮毛在加工相应副产品车间分别单独进行宰后检验检疫。本节主要介绍兔宰后检验检疫的体表检查、内脏检查（含寄生虫检验）、胴体检查、复验（检）及检验后处理等几个环节。

一、体表检查

1. 体表检查部位

观察胴体体表，检查部位有四肢内、外侧、颈背部、腹侧、臀部，胴体脂肪颜色以及各主要淋巴结（图3-2）。

2. 检查岗位设置

设岗于开膛后净脏前，与腹腔检查同时进行（图3-3），也可单独设岗于去皮后开膛前（图3-4）。

图3-2　胴体体表主要检查部位

图3-3　开膛后设岗胴体体表检查

图3-4　去皮后设岗胴体体表检查

3．检查内容与检查操作

双手固定胴体，首先观察四肢内、外侧有无创伤、脓肿，然后翻转胴体视检颈背部、四肢、腹侧及臀部有无病变，同时视检胴体脂肪颜色以及各主要淋巴结有无肿胀、出血、坏死、溃疡等病变（图3-5）。

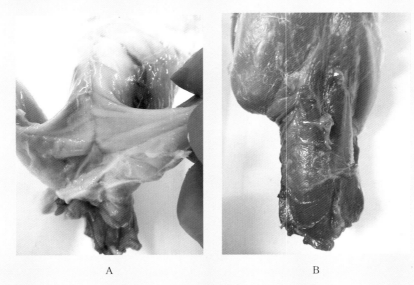

| A | B |

图3-5　体表检查

A．前肢内侧检查　B．颈部皮下淋巴结检查

头部副产品加工或带头胴体应进行头部检查，观察眼睑是否出现肿胀、黏性或脓性渗出物，鼻腔、喉头是否出现瘀血、弥漫性出血或坏死，颌下等体表淋巴结是否肿大等（图3-6）。

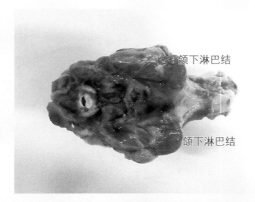

图3-6　头部检查视检肿大的颌下淋巴结

4. 异常情况

发现异常（图3-7至图3-9），直接剔除至可疑病兔检疫轨道（图3-10），进行详细综合检验检疫。

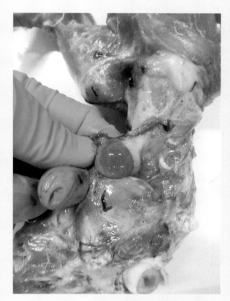

图3-7　颌下淋巴结肿大

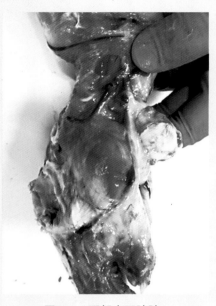

图3-8　颈部皮下脓肿

图3-9　前肢脓肿

图3-10　体表检验异常兔只剔除下线

注意实验室检验鉴别野兔热、葡萄球菌感染、坏死杆菌病，确认不可食用者，剔除放入防漏容器内（图3-11），以进行无害化处理。

图3-11　确认不可食用兔直接剔除

二、内脏检查

（一）兔体内脏检查部位与流程

1. 兔体内脏部位

兔体腔由膈肌分为胸腔和腹腔（含盆腔），容纳了兔体所有脏器（图3-12、图3-13），体腔和内脏是疾病诊断和屠宰检验检疫的主要部位。

2. 检查岗位设置

内脏检查设置于开膛后净脏前（图3-14）。一般设腹腔脏器检查（图3-15）和胸腔脏器检查（图3-16）两个岗位。

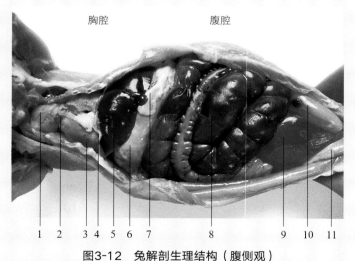

图3-12　兔解剖生理结构（腹侧观）

1.胸腺　2.心脏　3.肺脏　4.膈肌　5.肝脏　6.胃　7.大网膜
8.肠道　9.膀胱　10.结肠　11.睾丸（生殖器官）

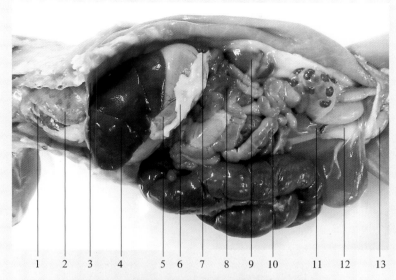

图3-13　兔屠宰开膛后脏器结构及检验部位构造
1.心脏　2.肺脏　3.膈膜　4.肝脏　5.胃　6.大网膜　7.脾脏　8.小肠
9.肾脏　10.大肠（盲肠）　11.结肠　12.膀胱　13.生殖器官（睾丸）

图3-14　兔屠宰开膛（剖腹）操作

图3-15　腹腔脏器检查

图3-16　胸腔脏器检查

3．检查流程与内容

内脏检查主要包括腹腔脏器检查和胸腔脏器检查（图3-15、图3-16）。兔屠宰加工过程中，内脏检查常与胴体检查合并检查，开膛后按照先上后下的顺序进行检查，内脏检查主要检查各脏器的形态、大小和颜色是否正常。

4．异常情况处理

发现异常立即剔除，移至可疑病兔轨道（图3-10、图3-17）进行详细检查（含实验室检验）。确认不可食用者剔除放入防漏容器内（图3-11、图3-18）以进行无害化处理。

图3-17　可疑病兔检验检疫轨道　　　　图3-18　内脏检查剔除的确认不可食用兔肉

（二）腹腔检查

1．腹腔检查部位

腹腔（含盆腔）是指膈膜后面的体腔部分，由膈肌、体壁和盆骨底围成。其腹面和两侧是腹壁，后面是脊柱和腰部肌肉（图3-19），容纳有胃、肠、胰、肾、肝、脾等器官（图3-20）。

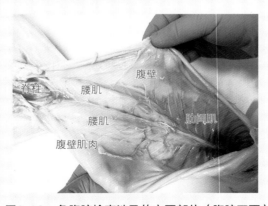

图3-19　兔腹腔检查涉及的主要部位（腹腔正面）

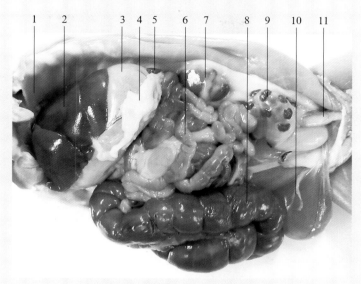

图3-20　兔腹腔生理结构（公兔正面）
1.膈肌　2.肝脏　3.胃　4.大网膜　5.脾脏　6.小肠　7.肾脏
8.盲肠　9.结肠　10.膀胱　11.生殖器官（睾丸）

2．检查内容与检查操作

开膛后，双手固定两侧腹壁，轻轻向两边用力拉开（图3-21），自上而下观察腹腔有无积液（图1-33）、积脓，腹壁有无粘连、纤维素性渗出物，腹部肌肉有无脓肿等（图3-22）。

图3-21　兔开膛后腹腔及脏器检查

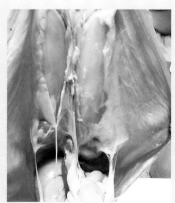

图3-22　视检腹腔、腹壁和相
关肌肉状态（上挂图）

3．异常情况

发现异常（图1-75A、图3-23），直接剔除，移至可疑病兔检疫轨道（图3-10、

图3-17），进行详细的综合检验检疫（含实验室检验）。

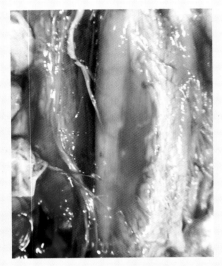

图3-23　腹腔腰部肌肉脓肿（上挂图）

（三）膀胱、生殖器官检查

1. 检查部位

膀胱位于骨盆腔底壁前上方，直肠（母兔子宫）下方，呈白色半透明盲囊状，位置可因充盈程度膨大前后移动。公兔1对睾丸位于腹部后部体表两个阴囊内，呈左右稍扁的椭圆形，一端与附睾相连；母兔1对卵巢悬吊于腹腔腰部肾脏后下方，是椭圆形实质性器官，后面与输卵管、子宫角、子宫相关联（图3-24至图3-26）。

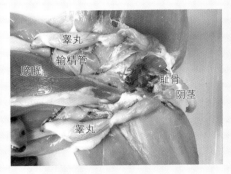

图3-24　公兔睾丸与膀胱生理位置

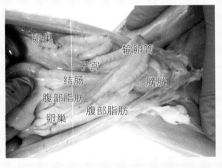

图3-25　母兔膀胱与主要生殖器官生理位置

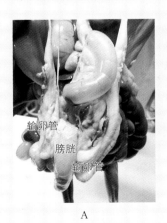

A

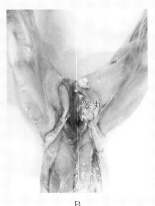

B

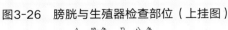

图3-26　膀胱与生殖器检查部位（上挂图）

A. 母兔　B. 公兔

2. 检查内容与检查操作

直接视检（或用手托起相应器官）观察膀胱、生殖器官的颜色、形态、结构。

（1）膀胱检查　观察膀胱积尿和浆膜出血情况（图3-27A）；

（2）生殖器官检查　观察睾丸或者卵巢、子宫、输卵管等形态、大小，有无积脓，表面有无纤维蛋白性附着物（图3-27B、图3-27C）。

  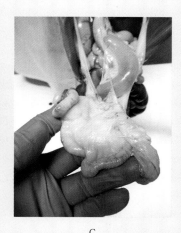

A　　　　　　　　　　B　　　　　　　　　　C

图3-27　膀胱与生殖器的检查

A.膀胱检查　B.睾丸的检查　C.卵巢、子宫与输卵管的检查

3. 异常情况

发现异常直接剔除至可疑病兔检疫轨道（图3-10、图3-17），进行详细综合检验检疫（含实验室检验）；注意兔病毒性出血症（兔瘟）与巴氏杆菌病需要进行实验室检验。

（四）大网膜及胃肠检查

1. 检查部位

胃呈带状，是单室腺型胃，前由贲门与食管相接，后经幽门与十二指肠相接，前缘触肝脏，后缘凸出成胃大弯，与脾脏相邻；肠前接幽门，后接肛门，分为十二指肠、空肠、回肠、盲肠、结肠和直肠，迂回盘绕于腹腔，其间由肠系膜固定，大网膜是位于胃后肠前向前膨出的双层腹膜结构（图3-28至图3-31）。

2. 检查内容与检查操作

直接视检（或用手托起相应器官）观察大网膜、胃、肠、胃肠浆膜、肠系膜淋巴结的颜色、形态、结构（图3-32）。

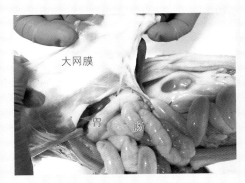

图3-28 大网膜、胃、肠生理位置

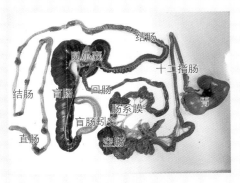

图3-29 胃肠结构

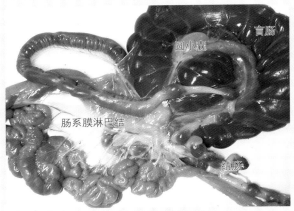

图3-30 肠系膜淋巴结

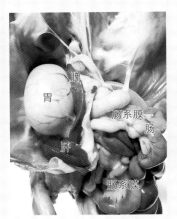

图3-31 胃、肠检查部位
（上挂图）

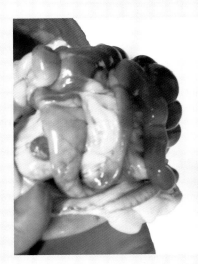

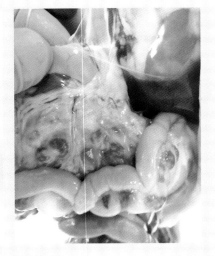

图3-32 胃肠检查

（1）检查胸腹膜（大网膜等）上有无囊尾蚴（豆状囊尾蚴病等）（图3-33）。

（2）观察胃、肠内容物充盈、充气状况，视检胃肠浆膜和肠系膜是否充血、出血（图3-34至图3-38），肠系膜淋巴结是否肿大、出血（兔瘟、野兔热），必要时可以剖检胃肠，清除胃肠内容物，检查黏膜是否出现充血、出血、瘀血或脱落。

（3）检查肠壁上是否出现灰白色结节（图3-39）、化脓或坏死等。

3．异常情况

发现异常（图1-21、图1-22、图1-25、图1-31、图1-32、图1-37至图1-40、图1-52、图1-67、图1-68、图3-33至图3-39），直接剔除移至可疑病兔检疫轨道（图3-17），进行综合检验检疫（含实验室检验）。

图3-33　腹腔大网膜豆状囊尾蚴

图3-34　魏氏梭菌病胃充气、黏膜黑色溃疡

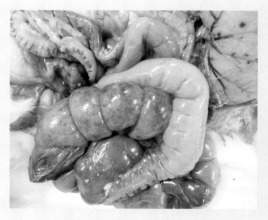

图3-35　肠道充气、黏膜出血

图3-36　肠道黏膜点状出血

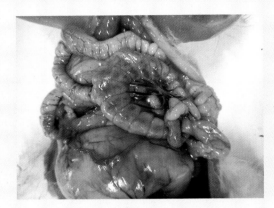

图3-37　魏氏梭菌病肠道浆膜出血

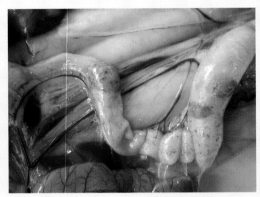

图3-38　兔瘟肠道黏膜点状出血（结肠）

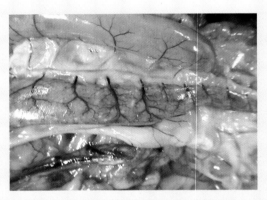

图3-39　肠道充气、肠道黏膜大量白色结节

兔瘟、巴氏杆菌病、野兔热、（肠）兔球虫病和魏氏梭菌病等疫病的确诊与鉴别需要进行实验室检验。

（五）脾脏检查

1．检查部位

脾脏位于胃大弯左侧，与网膜附带（图3-40），呈红褐色，质柔脆，狭长扁平带状（图3-41）。

2．检查内容与检查操作

直接观察或者用手拉着脾脏视检脾脏的大小、色泽，注意是否肿大，有无充血、出血和结节等病变（图3-42）。

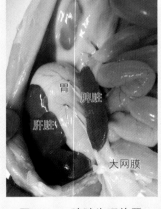

图3-40　脾脏生理位置

图3-41　脾脏形态

3．异常情况

脾脏肿大（巴氏杆菌病等，见图1-53），且有大小不一、数量不等的结节［野兔热（图1-26）或者坏死灶（图3-43）］。需要进行实验室检验鉴别野兔热、结核病和伪结核病。发现异常，直接剔除移至可疑病兔检疫轨道，进行详细综合检验检疫（含实验室检验）。

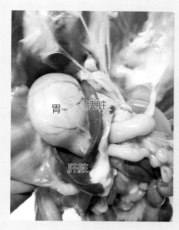

图3-42　脾脏检查（上挂图）　　　图3-43　脾脏肿大、出血与病死灶病变

（六）肝脏检查

1．检查部位

肝脏位于腹腔前部，前触膈肌，后触胃和肾脏（图3-40），呈红褐色，分左外叶、左内叶、方叶、右内叶、右外叶和尾叶共6叶（图3-44）。

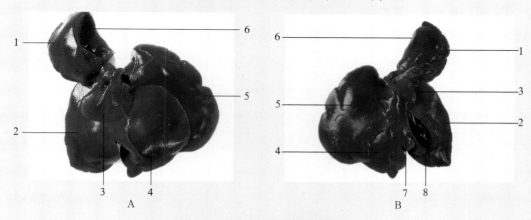

图3-44　兔肝脏生理结构

A．兔肝脏壁面　B．兔肝脏脏面

1．右外叶　2．右内叶　3．尾叶　4．左内叶　5．左外叶　6．肾压痕　7．方叶　8．胆囊

2．检查内容与检查操作

向一侧拨开肠道和胃，视检观察肝脏大小、色泽（图3-45），注意有无肿大出血（图1-19、图3-46）、脓肿和灰白色坏死灶、白色病灶、黄白色结节（图1-33、图1-34）或水疱样病灶；观察胆囊、胆管有无病变或寄生虫寄生；触检肝脏的硬度。

3．异常情况

发现异常（图1-19、图1-27、图1-33、图1-34、图1-41、图1-69、图3-46至图3-49），直接剔除移至可疑病兔检疫轨道，进行详细综合检验检疫（含实验室检验）。

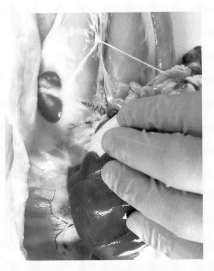

图3-45　肝脏检查（上挂图）

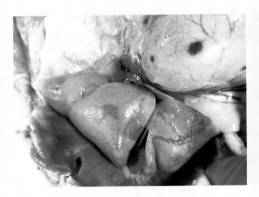

图3-46　肝脏肿胀出血

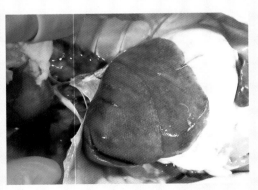

图3-47　肝脏出血、点状坏死结节

图3-48　肝脏黑色坏死灶、黄色结节

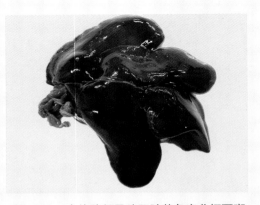

图3-49　虫体移行导致肝脏黄色弯曲坏死斑

肝脏表面有大小不等的灰白色或灰黄色小结节（沙门氏菌病、野兔热、巴氏杆菌病）；肝脏实质有淡黄色的大小不一脓性结节（肝球虫病，见图1-33、图1-34）。需要进行实验室检验鉴别沙门氏菌病、野兔热、巴氏杆菌病、葡萄球菌病、伪结核病和球虫病。

（七）肾脏检查

1. 肾脏检查部位

肾脏是位于腰脊柱两旁、呈豆状、褐色（棕红色）或者深褐色的一对实质性器官（图3-50）。

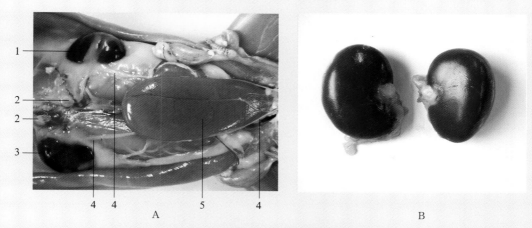

图3-50　肾脏位置与结构

A. 肾脏生理位置结构　B. 兔肾脏

1. 左肾　2. 肾上腺　3. 右肾　4. 输尿管　5. 膀胱

2. 检查内容与检查操作

直接视检观察肾脏大小、颜色和形状（图3-51），有必要时可以用手钝性分离肾脏，检查肾脏是否瘀血、肿大、脓肿（图1-63，葡萄球菌感染），表面是否有出血点（图1-20，兔瘟）、粟粒大小灰黄色坏死灶（图1-28，野兔热）或者灰白色或暗红色、质地较硬、大小不一的肿块（肿瘤或先天性囊肿）、凹陷病灶（图3-52）。必要时可剥离被膜和切开肾脏观察皮质和髓质病变。

3. 异常情况

发现异常（图1-20、图1-28、图1-63、图3-52至图3-55），直接剔除移至可疑病兔检疫轨道，进行综合检验检疫检疫（含实验室检验）。需要进行实验室检验鉴别诊断兔瘟、野兔热及葡萄球菌感染。

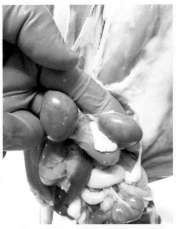

图3-51　肾脏检查（上挂图）

图3-52　肾脏表面大小不等病灶

图3-53　肾脏表面出血点、出血斑

图3-54　肾脏瘀血、表面出血斑

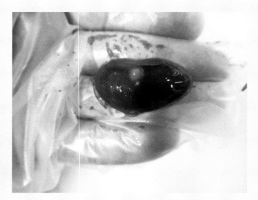

图3-55　肾脏脓肿

（八）胸腔检查

1. 胸腔检查部位

胸腔是由胸骨、胸椎和肋骨围成的体腔部分（图3-56），前与颈部相连，后面至膈膜，内部容纳心、肺等器官（图3-57）。

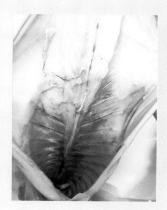

图3-56　胸腔构造

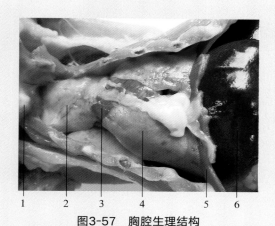

图3-57　胸腔生理结构

1.胸骨　2.胸腺　3.心脏　4.肺脏　5.膈肌　6.肝脏

2. 检查内容与检查操作

左手（或用镊子）固定胃和肝脏轻轻外拨，露出膈肌，右手持剪刀（或检验刀）打开膈膜（图3-58），观察胸腔有无积液（图1-33、图3-59）、积脓，胸壁有无粘连、纤维素性渗出物（图1-49，巴氏杆菌病；图3-60，葡萄球菌感染）。

A

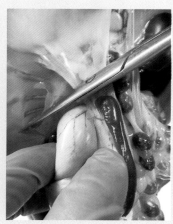

B

图3-58　胸腔检查

A.左手轻轻固定和拨离胃及肝脏，露出膈肌　B.用检验刀打开胸腔

3．异常情况

发现异常（图1-33、图1-49、图3-59、图3-60），直接剔除移至可疑病兔检疫轨道，进行综合检验检疫。巴氏杆菌病、葡萄球菌感染确诊鉴别需要进行实验室检验。

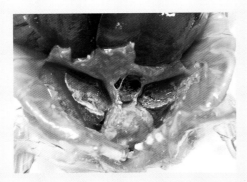 

图3-59　胸腔积液、有纤维素性渗出　　　图3-60　胸腔积液、有纤维性渗出和黏连

（九）肺脏检查

1．肺脏检查部位

肺脏位于胸腔左右两侧，是呈半圆锥形的淡粉红色海绵样富有弹性的柔软器官（图3-57），分为背缘、腹缘和底缘三个边缘；左肺分为前叶（尖叶）和后叶（膈叶），右肺分为前叶（尖叶）、中叶（心叶）、后叶（膈叶）和副叶（图3-61）。

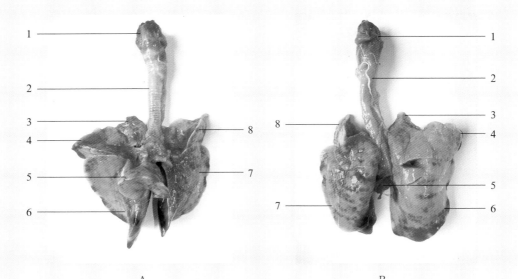

图3-61　肺脏的结构形态

A.肺脏脏面　B.肺脏壁面

1.喉　2.气管　3.尖叶　4.心叶　5.副叶　6.膈叶　7.膈叶　8.尖叶

2．检查内容与检查操作

直接视检（图3-62、图3-63），或左手取肺脏（图3-16），观察肺脏形态、色泽、大小等有无变化（图3-61），是否有瘀血（图1-15）、出血（图1-16、图1-44、图1-45）、水肿（图1-44）、肝变（图3-64）、化脓、结节（图1-47、图1-48、图1-61、图1-62）等病变（兔瘟、巴氏杆菌病、葡萄球菌感染等）。

 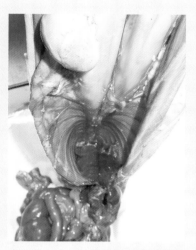

图3-62　胸腔器官的检查　　　　　图3-63　肺脏检查（上挂图）

3．异常情况

发现异常（图1-15、图1-16、图1-44、图1-45、图1-47、图1-48、图1-61、图1-62、图3-64至图3-67），直接剔除移至可疑病兔检疫轨道，进行综合检验检疫（含实验室检验）。实验室检验主要鉴别兔瘟、巴氏杆菌病及葡萄球菌感染。

 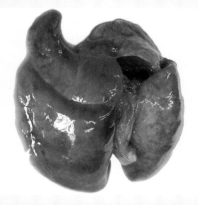

图3-64　兔巴氏杆菌病肺脏出血和肉变　　　图3-65　兔巴氏杆菌病肺脏充血、出血

图3-66　兔巴氏杆菌病肺、心纤维素性渗出　　　　图3-67　兔瘟肺脏出血斑点与心外膜出血

（十）心脏检查

1．心脏检查部位

心脏位于胸腔两肺之间纵隔内，呈左右稍扁的倒圆锥体形，是红褐色中空的肌质性器官，外有心包膜。心脏分为左心房、左心室、右心房、右心室四个部分（图3-57、图3-68、图3-69）。

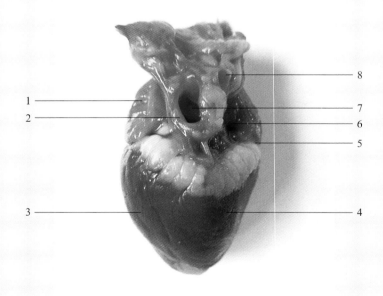

图3-68　兔心脏（右侧观）

1. 左心耳　2. 肺静脉　3. 左心室　4. 右心室　5. 右心耳　6. 右心房　7. 左心房　8. 前、后腔静脉

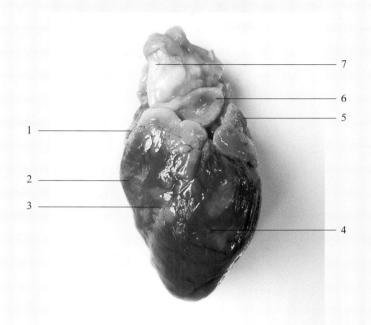

图3-69　兔心脏（左侧观）

1. 右心耳　2. 右心室　3. 左纵沟　4. 左心室　5. 左心耳　6. 肺动脉　7. 主动脉

2．检查内容与检查操作

直接观察心脏形态、色泽、大小等有无变化（图3-16、图3-70）。观察心包腔有无积液（图1-51，巴氏杆菌病）、有无粘连或纤维蛋白性渗出物附着（图3-66、图3-67、图3-73，巴氏杆菌病、葡萄球菌感染等）；必要时可切开心包膜，检查心脏内外膜有无出血（图3-67）等病变。

3．异常情况

发现异常（图1-51、图3-59、图3-60、图3-66、图3-67、图3-71），直接剔除移至可疑病兔检疫轨道，进行综合检验检疫（含实验室检验）。鉴别兔瘟、巴氏杆菌病、葡萄球菌感染需要进行实验室检验。

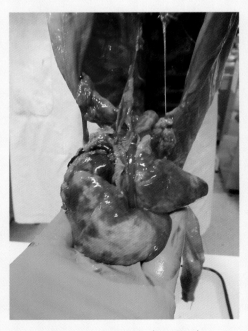

图3-70　心脏检查（上挂图）

图3-71　兔巴氏杆菌病心脏纤维素性渗出

三、胴体检查

1. 胴体检查部位

兔胴体检查主要包括胴体体表、胸腔、腹腔等部位的颜色、结构组织有无病变等异常（图3-72、图3-73）。

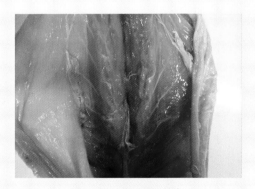

图3-72　兔胴体腹腔

图3-73　兔胴体胸腔

2. 检查岗位设置

与内脏检查合并操作（图3-21）或将检查岗位设置于内脏取出后（图3-74）。

3. 检查内容与检查操作

（1）胴体颜色和放血程度　正常兔肉呈淡粉红色，老龄兔肉呈深红色（图3-75），如果兔肉呈暗红色（图3-76，放血不良表征），用刀横断肌肉，检查其切

图3-74　去脏后设岗的胴体检查

面有无小血滴渗出；检查脂肪是否黄染，疑似黄疸的（图3-77）必要时采取脂肪做黄疸检验。

图3-75　胴体颜色

左. 老龄兔肉　右. 正常兔肉

图3-76　放血不良兔肉

图3-77　兔胴体黄染病变（黄疸）

（2）体表和淋巴结　首先观察四肢内侧有无创伤、脓肿，然后翻转胴体视检颈背部、四肢、腹侧及臀部有无病变，同时视检各主要淋巴结有无肿胀、出血、坏死、溃疡等病变（同图3-5）。

（3）胸腹腔　左手持镊子固定左侧腹部肌肉，右手持剪刀将右侧腹肌撑开，暴露出胸腹腔，检查胸腹腔内有无炎症、出血、化脓、结节等病变（同图3-72、图

3-73），有无寄生虫寄生，同时观察留在胴体上的肾脏有无病变（图3-51）。

4．异常情况

发现异常（图3-9、图3-23、图3-52至图3-55、图3-59、图3-60、图3-76至图3-78），直接剔除移至可疑病兔检验检疫轨道（图3-79），进行综合检验检疫。

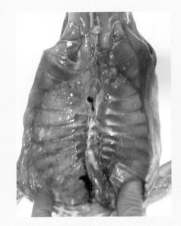

图3-78　兔胴体胸腔炎性渗出

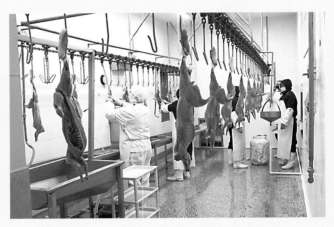

图3-79　胴体检查可疑病兔检验检疫轨道

5．无害化处理

确认不可食用的兔胴体直接剔除放入防漏容器内（图3-80），以进行化制或焚烧处理，同批动物毛皮进行消毒处理。

图3-80　兔胴体检查剔除异常胴体

四、复验（复检）

1．胴体复验部位

同胴体检查，见图3-72至图3-74。

2．检查岗位设置

胴体检查后（摘除肾脏、肾上腺和胴体修整后）挂胸喷淋前（图3-81、图3-82）。

图3-81　脏器摘除与修整后兔胴体复验

图3-82　兔胴体喷淋前复验

3．检查内容与检查操作

用手或镊子固定胴体，对胴体进行全面的检查与复查（图3-83）。

（1）检查是否有放血不全现象，同图3-76。

（2）检查胴体形状、颜色、气味是否正常，同图3-77。

（3）检查体表、脂肪、肌肉和骨骼有无病变、异常，同图3-23。

图3-83　用镊子固定胴体，进行复验（复检）

（4）检查体表、体腔是否有血污、脓污、胆汁、粪便、毛及其他污物未处理（图3-84）。

（5）检查残留膈肌、伤斑是否已修整等（图3-85）。

（6）检查胴体有无有害腺体、病变淋巴结和病变组织漏摘（图3-78）。

4．异常情况处理

发现胴体形状、颜色、气味异常、粪便污染等（图3-76、图3-77、图3-84），

图3-84　粪便污染胴体

立即剔除移入防漏容器内（同图3-80），以进行无害化处理。

发现未修整或器官残留（图3-85）的立即线上修整或者下线修整处理。

发现疑似病变（图3-23、图3-78、图3-86），直接剔除移至可疑病兔检疫轨道，详细检验后移入防漏容器内（图3-80），以进行无害化处理。

图3-85　胴体膈肌与胸腺残留

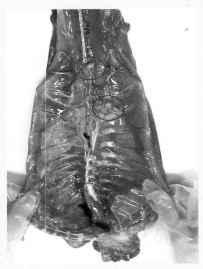

图3-86　兔胴体放血不良、胸壁炎性渗出、肾上腺未摘除

兔胴体肌肉暗红、露骨、背部发白、肉质过老、有严重骨折（图3-87）、畸形以及修割面积超过规定的，均不做带骨兔肉出售。

5. 复验（复检）出证

对合格肉品，官方兽医出具《动物检疫合格证明》（图3-88），并在包装上施加动物产品检疫合格标签（图3-89）；厂方出具《肉品品质检验合格证》[目前尚未统一兔用《肉品品质检验合格证》格式，有的地方由检验报告代替（图3-90）]，包装后施加（粘贴）检

图3-87　肌肉露骨、暗红、有严重骨折

验合格标签和规格标签（图3-91）；不合格肉品的处理根据农业农村部相关规定进行废弃（同图3-80），并做无害化处理。

图3-88　动物检疫合格证明

图3-89　包装后施加的检疫标签

图3-90　成品检验报告图例

图3-91　粘贴的检验合格标签和规格标签

第四章

实验室检验

实验室检验不仅可以确定屠宰食用动物的疫病状况，还可以进一步将肉类食品中病原微生物、药物残留、掺假掺杂等有害因子的风险降到最低，从而保证食品的卫生质量。实验室检验作为动物性食品质量安全的重要保障环节，主要包括感官指标、理化指标（挥发性盐基氮、兽药残留、农药残留、重金属污染等）、微生物指标、非法添加物和疫病等方面的检验。兔肉及兔副产品应满足GB 2707《食品安全国家标准 鲜（冻）畜、禽产品》的要求。GB/T 17239—2008《鲜、冻兔肉》对兔肉相关实验室检验指标限量进行了明确规定（表4-1至表4-3）。目前规模化屠宰企业都配备有专业检验人员进行实验室检验或者委托具有相关资质的机构进行检验，其中重要疫病的实验室检验由具有资质且经动物卫生监督机构指定的实验室承担。

表4-1　兔肉感官检验指标

项　目	鲜兔肉	冻兔肉（解冻后）
色泽	肌肉呈均匀鲜红色，有光泽，脂肪呈乳白色或淡黄色	肌肉呈均匀鲜红色，脂肪呈乳白色或淡黄色
组织状态	肌肉有弹性，指压后凹陷部位可很快恢复	肉质紧密，有坚实感
气味	具有鲜兔肉正常气味，无异味	具有冻兔肉正常气味，无异味
煮沸后肉汤	透明澄清，脂肪团聚于液面，有兔肉香味	基本透明澄清，脂肪团聚于液面，无异味
肉眼可见异物	不得检出	

表4-2　鲜（冻）兔肉微生物指标

项　目	指　标	
	鲜兔肉	冻兔肉
菌落总数／（CFU/g）	$\leqslant 1 \times 10^6$	$\leqslant 5 \times 10^5$
大肠菌群数／（MPN/100g）	$\leqslant 1 \times 10^4$	$\leqslant 5 \times 10^3$
沙门氏菌	不得检出	

表4-3　鲜冻兔肉理化指标

项　目	限　量
挥发性盐基氮	$\leqslant 15mg/100g$
总汞（Hg）／（mg/kg）	$\leqslant 0.05$
铅（Pb）／（mg/kg）	肉0.2，内脏0.5，肉制品0.5

（续）

项　目		限　量
镉（以Cd计）/（mg/kg）		肉类0.1，肝脏0.5，肾脏1.0
总砷（As）/（mg/kg）		≤0.5
六六六/（mg/kg）	脂肪含量低于10%时，以全样计	≤0.1
	脂肪含量不低于10%时，以脂肪计	≤1
滴滴涕/（mg/kg）	脂肪含量低于10%时，以全样计	≤0.2
	脂肪含量不低于10%时，以脂肪计	≤2
四环素/（mg/kg）		≤0.1
金霉素/（mg/kg）		≤0.1
土霉素/（mg/kg）		≤0.1
磺胺类（以磺胺类总量计）/（mg/kg）		≤0.1
氯霉素/（mg/kg）		不得检出
呋喃唑酮/（mg/kg）		不得检出

第一节　　兔肉品感官检验及挥发性盐基氮的测定

　　感官检验及挥发性盐基氮的测定是进行兔肉类食品卫生学评价的重要依据，也是兔肉卫生检验（出厂检验和型式检验）的必检项目。本节主要对其相关操作进行简要介绍。

一、样品采集

　　准备登记单、标签、剪刀、镊子和容器（图4-1）。玻璃制品、陶瓷制品等高压蒸汽灭菌30min或者160℃干烤2h（图4-2）；剪刀、镊子等沸煮

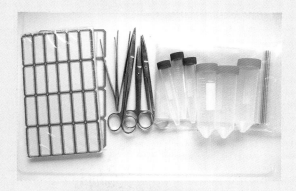

图4-1　采样常用器材

消毒30min，使用前用酒精擦拭，使用时火焰消毒（图4-3）。

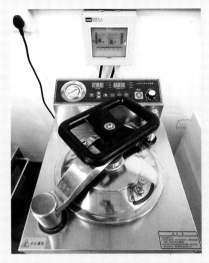

图4-2   采样器材的高压蒸汽灭菌   图4-3   剪刀镊子使用前擦拭消毒

二、感官检验与理化检验样品采集

按照GB/T 9695.19—2008《肉与肉制品取样方法》和GB/T 17239—2008的规定进行。其中有毒有害化学物质残留检验还要按照国家兽药残留监控计划相关规定由具有相关资格的单位在屠宰线上根据屠宰数量确定抽样数采样。

1．鲜兔肉

随机从3～5片胴体或同规格分割肉上取若干小块混为一份样品（图4-4、图4-5），每份500～1 500g。

图4-4   胴体采样   图4-5   兔大腿肉采样

2. 冻兔肉

（1）包装冻肉　同批同质随机取3～5包混合为一份，每份1 000g以上（图4-6）；成堆产品，在堆放空间的四角和中间设采样点，每点从上、中、下三层取若干小块混为一份样品，每份500～1 500g。

（2）小块碎肉　从堆放平面的四角和中间取样混合为一份，共500～1 500g（图4-7）。

图4-6　同质同批包装胴体

图4-7　去骨小块碎肉

（3）成品库的抽样　按照出厂检验和型式检验规定的数量（表4-4、表4-5）进行随机抽样，冻兔肉成品库见图4-8。

表4-4　出厂检验随机抽取样品数量

批量（基本箱）	样品量（基本箱）	批量（基本箱）	样品量（基本箱）
600以下	6	15000～24 000	48
601～2 000	13	24 001～42 000	84
2 001～7 200	21	42 000以上	126
7 201～15 000	29		

表4-5　型式检验随机抽取样品量

批量（基本箱）	样品量（基本箱）	批量（基本箱）	样品量（基本箱）
600以下	13	15 000～24 000	84
601～2 000	21	24 001～42 000	126
2 001～7 200	29	42 000以上	200
7 201～15 000	48		

图4-8　冻兔肉成品库

三、微生物指标检验样品采集

按照GB 4789.1—2016《食品安全国家标准 食品微生物学检验总则》的规定进行样品采集。采用方案分为二级和三级采样方案：二级采样方案设有n、c和m值，三级方案设有n、c、m和M值［n为同一批次产品应采集的样品件数；c为最大可允许超出m值的样品数；m为微生物指标可接受水平的限量值（三级采样方案）或最高安全限量值（二级采样方案）；M为微生物指标的最高安全限量值］。

用无菌剪刀采取两腿（内侧）肌肉或者其他部位（两侧腰部）肌肉（图4-9），也可采取整只鲜（冻）兔胴体（图4-10）。

图4-9　鲜兔肉胴体肌肉采样

图4-10　鲜兔肉胴体整只采样

四、动物疫病检验样品采集

根据《动物疫病实验室采样方法》（NY/T 541—2002）要求，动物疫病检验用样应无菌采集最集中、最易检出病原的组织或体液送检。兔屠宰检验检疫中样品采集常涉及病变组织器官、心包积液、血液等的采集，病变严重者也可整只采集进行实验室检验（图4-11）。

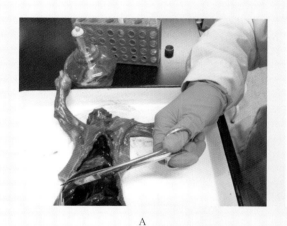

A   B

图4-11　疫病检验样品采集
A.采集病变脏器样品　B.注射器抽取液体样品

五、样品的运输和贮存

样品采集后放于灭菌容器内，按照规定进行样品包装和标识后，尽快送检。运输过程注意冷藏，保持样品完整，不得添加任何防腐剂。样品到实验室立即检验或置冰箱暂存。

六、采样原则与要求

由专人负责采样。采集样品具有代表性、典型性、时效性和随机性。样品采集过程中注意卫生防护和样品污染，样品采集量达到检验、复验和留样备查总量，采集样品要做记录详细、手续完整。

第二节 兔肉感官检验及理化检验

感官检验及理化检验是进行兔肉类食品卫生学评价的重要依据，在GB/T 17239—2008中对检验指标与方法都有明确规定（表4-3、表4-6）。

表4-6　兔屠宰产品药物残留与重金属检验方法

检验项目	检验方法	操作标准
总汞（Hg）	原子荧光光谱分析法	GB/T 5009.17—2014
铅（Pb）	石墨炉原子吸收光谱测定法	GB/T 5009.12—2017
镉（以Cd计）	石墨炉原子吸收光谱测定法	GB/T 5009.15—2014
总砷（As）	氢化物发生原子荧光光谱分析法	GB/T 5009.11—2014
六六六	毛细管柱气相色谱仪-电子捕获检测器法	GB/T 5009.19—2008
滴滴涕	毛细管柱气相色谱仪-电子捕获检测器法	GB/T 5009.19—2008
四环素	高效液相色谱法	GB/T 5009.116—2003
金霉素	高效液相色谱法	GB/T 5009.116—2003
土霉素	高效液相色谱法	GB/T 5009.116—2003
磺胺类（以磺胺类总量计）	液相色谱-串联质谱法	GB/T 20759—2006
氯霉素	气相色谱-质谱法	GB/T 22338—2008
呋喃唑酮	高效液相色谱-串联质谱法	SN/T 1627—2005

一、兔肉感官检验

按照GB 9695.19—2008、GB/T 22210—2008和GB/T 17239—2008要求进行操作与处理，取适量试样置于洁净的白色盘（瓷盘或同类容器）中，在自然光下观察色泽和状态，闻其气味，重点观察肉的各项特征及状态，并根据结果做出综合判定。冻兔肉需要采用室温自然解冻方式解冻。

1. 外观检验

观察产品表面是否整洁、完好，是否有大面积的病变、坏死等；冻兔肉在冻结状态观察表面变色脱水程度、光泽和有无霉斑等（图4-12）。

2. 组织状态检验

鲜兔肉：肌肉有弹性，指压后凹陷部位可很快恢复（图4-13）。冻兔肉：肉质紧密，有坚实感（图4-14），指压后恢复缓慢。

图4-12 兔胴体外观检查

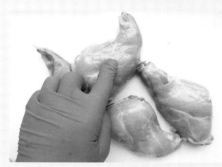 

A B

图4-13 鲜兔肉（后腿肉）指压后很快恢复

A.组织状态指压检查 B.压痕迅速恢复

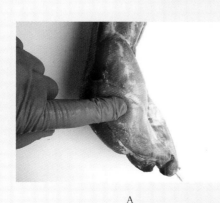 

A B

图4-14 冻兔肉（胴体）指压后恢复缓慢

A.组织状态指压检查 B.压痕恢复缓慢

3．色泽检验

鲜兔肉：肌肉呈均匀的鲜红色，有光泽，脂肪呈乳白色或淡黄色。冻兔肉：肌肉呈均匀的鲜红色，脂肪呈乳白色或淡黄色（图4-15）。

A   B   C

图4-15　鲜、冻兔肉（胴体）色泽检查

A.冻兔胴体　B.鲜兔后腿肉　C.放血不全兔肉（左）与正常鲜兔肉（右）

4．气味检验

具有鲜兔肉的正常气味，无异味（图4-16）。

图4-16　兔肉气味检查

5．肉眼可见异物检验

无不能食用的甲状腺、病变淋巴结、肾上腺、病变组织、胆汁、瘀血、浮毛、血污、金属、肠道内容物等废弃物、污染物（图1-8、图3-86）。

6．煮沸后肉汤检验

取试样绞碎后置烧杯中，加水100mL，盖上表面皿，加热50～60℃，取下表面皿检查气味，继续加热煮沸20～30min，检查肉汤的气味、滋味和透明度，以及脂肪的性状、气味与滋味（图4-17）。

图4-17　兔肉煮沸肉汤检验
A.准确称量　B.煮沸　C.气味检查　D.滋味检查

鲜兔肉肉汤透明澄清，脂肪团聚于液面，有兔肉香味（图4-18）；冻兔肉肉汤基本透明澄清，脂肪团聚于液面，无异味。

二、兔肉挥发性盐基氮测定

挥发性盐基氮（total volatile basic nitrogen，TVBN）是指动物性食品在酶和细菌的作用下，蛋白质分解而产生氨以及胺类等

图4-18　透明澄清的鲜兔肉煮沸肉汤

碱性含氮物质。此处以GB 5009.228—2016规定的微量扩散法为例进行操作图解。

1. 微量扩散法TVBN测定操作流程（图4-19）

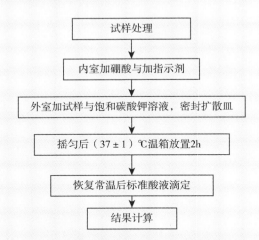

图4-19　微量扩散法测定挥发性盐基氮的程序

2. 测定步骤

（1）样品制备　见图4-20。

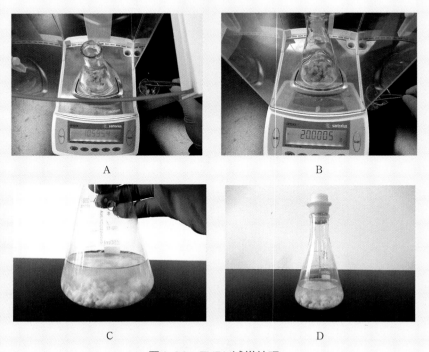

图4-20　TVBN试样处理

A. 样品绞碎称量　B. 准确称量　C. 试样加水轻摇　D. 试样浸渍

（2）测定　见图4-21至图4-23。

图4-21　TVBN扩散皿涂胶和内室吸收液、指示剂的加入

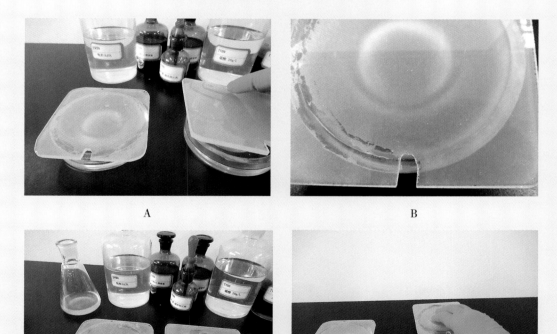

A　　　　　　　　　　　　　B

C　　　　　　　　　　　　　D

图4-22　TVBN检测的皿外室加样

A.扩散皿外室加样后加盖　B.检查密封效果　C.加试样和饱和碳酸钾　D.封盖与转动混匀试样碱液

A　　　　　　　　　　　　　　　　　B

C

图4-23　TVBN试验结果检测

A.温箱放置　B. 37℃温箱　C.TVBN的盐酸滴定

3. 结果读判

试样中挥发性盐基氮的含量按下列公式计算：

$$X = \frac{(V_1 - V_2) \times c \times 14}{m \times (V/V_0)} \times 100$$

式中：

X——试样中挥发性盐基氮的含量，单位为mg/100g或mg/100mL；

V_1——试液消耗盐酸或硫酸标准滴定溶液的体积，单位为mL；

V_2——试剂空白消耗盐酸或硫酸标准滴定溶液的体积，单位为mL；

c——盐酸或硫酸标准滴定溶液的浓度，单位为mol/L；

m——试样质量，单位为g，或试样体积，单位为mL；

V——准确吸取的滤液体积，单位为mL，本方法中$V=1$；

V_0——样液总体积，单位为mL，本方法中$V_0=100$。

4. 注意事项

（1）装置使用前应做清洗和密封性检查。

（2）混合指示剂必须在临用时混合，随用随配。使用1份甲基红乙醇溶液与5份溴甲酚绿乙醇溶液混合指示液，终点颜色至紫红色。使用2份甲基红乙醇溶液与1份亚甲基蓝乙醇溶液混合指示液，终点颜色至蓝紫色。

（3）试样中挥发性盐基氮的含量≤15mg/100g方为合格。

（4）试验结果以重复性条件下获得的两次独立测定结果的算术平均值表示，绝对差值不得超过算术平均值的10%。结果保留三位有效数字。

（5）需要同时做试剂空白。

三、有害化学物质残留检测

关于农药残留、兽药残留和微量重金属的检验，目前虽然有免疫检测技术的相关研究，但是确证仍然需要表4-6中的化学检测方法，这些化学方法不仅需要昂贵的专用仪器设备（图4-24），而且操作过程也比较繁琐，需要经过专门培训的人员进行

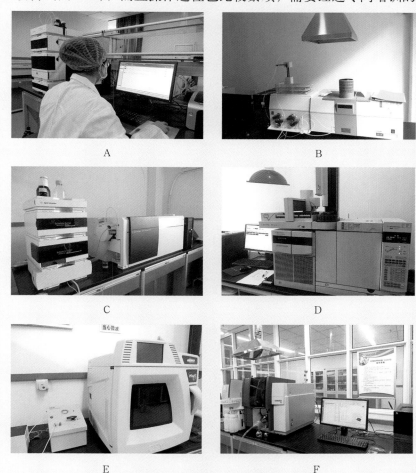

图4-24　残留分析试验部分仪器设备

A.高效液相色谱仪　B.原子荧光光谱分析仪　C.高效液相-串联质谱联用仪
D.气相色谱质谱联用仪　E.样品处理微波消解仪　F.原子吸收光谱分析仪

操作，因此无条件检测的屠宰加工厂常委托具有检验能力和资质的机构进行检测。

　　残留检测分析总过程主要包括样品采集、样品前处理（常根据检验对象和样品的性质进行样品制备，包括预处理、提取、净化、浓缩及衍生化）、仪器测定、数据分析和结果报告几部分（图4-25），其中除了按照检测方法要求制备样品和设定仪器测定参数外，根据操作说明书规范使用不用种类型号检测仪器设备更是保证准确结果的关键。此处以高效液相色谱法检测兔肉中土霉素残留检测（GB/T 5009.116—2003）为例。

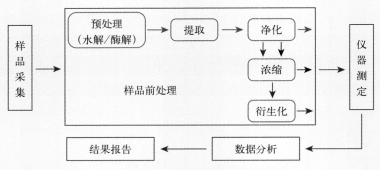

图4-25　残留分析流程

1．兔肉中土霉素残留高效液相色谱法检测流程
　　见图4-26。

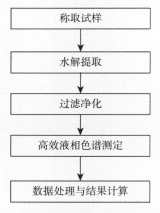

图4-26　土霉素残留的高效液相色谱法检测流程

2．检测操作
（1）试样制备　见图4-27。
（2）HPLC测定　见图4-28至图4-33。

图4-27　样品的前处理

A.试样称量　B.样品5%高氯酸溶液水解提取　C.样品离心后过滤净化（0.45μm滤膜）

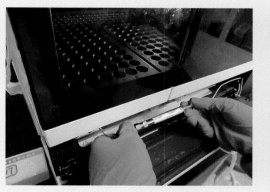 

图4-28　装柱与添加流动相缓冲液

A.安装色谱柱　B.放置流动相

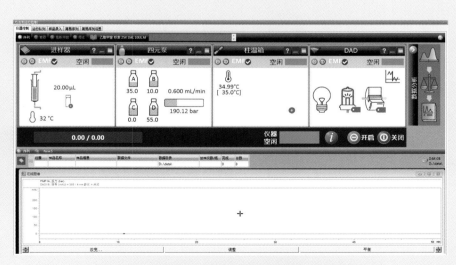

图4-29　开机后进入HPLC工作站方法与运行控制界面

图4-30 四元泵管线排气

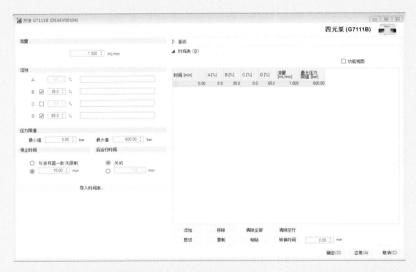

图4-31 检测流动相参数设定与冲柱（20～30min）至检测基线稳定

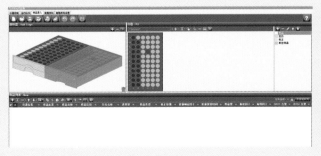

A

B

图4-32 样品录入与上样
A. 样品录入设置　B. 样品上样

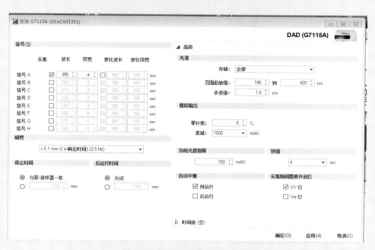

A

B

C

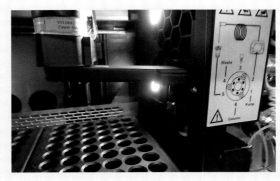

D

图4-33　检测流动相相关参数设计与进样检测

A.检测波长　B.柱温设置　C.进样量设置　D.仪器进样检测

3．数据处理与报告

检测结束后，冲柱30～60min，关泵、关机；需要时选择试验检测数据，进行图谱优化和积分计算，打印报告。根据检测数据建立标准曲线（峰高/峰面积为纵轴，抗生素含量为横轴）和进行试样溶液药物含量计算。试样中抗生素含量（X）按照以下公式计算：

$$X=A \times 1\,000 / (m \times 1\,000)$$

式中：

X——式样中抗生素含量（mg/kg）；

A——试样溶液中测得抗生素质量（10μg）；

m——试样质量（g）。

4．注意事项

（1）高效液相色谱仪操作严格按照使用说明进行。

（2）需要注意流动相用前超声脱气和四元泵管线的排气。

（3）在重复性条件下获得的两次独立测定结果绝对差值不超过算数平均值的10%方为有效。

第三节　兔肉品菌落总数和大肠菌群的测定

肉品中菌落总数、大肠菌群和沙门氏菌检验是进行兔肉类食品卫生学评价的重要微生物学指标，它们在一定程度上反映着食品安全及卫生质量的优劣。其中，菌落总数、大肠菌群测定被列为鲜（冻）兔肉出厂检验和型式检验的必检项目，本节对其相关操作进行简要介绍。

一、菌落总数测定（GB 4789.2—2016）

菌落总数是指检样经过处理，在一定条件下（如培养基、培养温度和培养时间等）培养后，所得每克（毫升）检样中形成的微生物菌落总数，是反映兔肉食品在屠宰加工过程中是否符合卫生要求的重要微生物指标。

1. 菌落总数测定的检验程序
见图4-34。

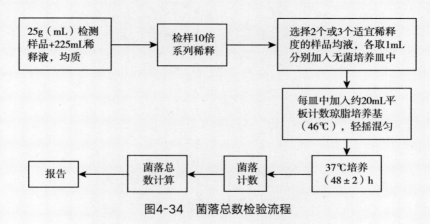

图4-34　菌落总数检验流程

2. 操作
（1）检样的处理　见图4-35。
（2）样品稀释　见图4-36。

图4-35　检样均质处理

图4-36　检样均质液的10倍梯度稀释

（3）加样　见图4-37。

A   B

图4-37　选择适宜的2个或3个不同稀释度样品液的加样

A.加入适当稀释度的样品液　B.倾注约20mL的46℃琼脂培养基

（4）培养　见图4-38。

图4-38　混匀后平板凝固再倒置（36±1）℃培养
（48±2）h

（5）菌落计数与菌落总数的计算　参照GB 4789.2—2016规定进行，见图4-39。

3．菌落总数结果报告与注意事项

（1）称重取样以CFU/g为单位报告，体积取样以 CFU/mL 为单位报告。

（2）菌落总数小于100CFU时，按"四舍五入"原则修约，以整数报告。

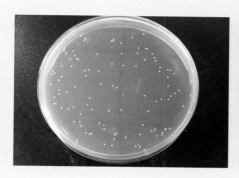
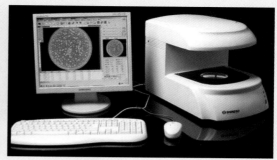

B

图4-39　培养后平板菌落计数

A.菌落肉眼计数　B.平板计数器计数

（3）菌落总数大于或等于100CFU时，第3位数字采用"四舍五入"原则修约后，取前2位数字，后面用0代替位数；或用10的指数形式来表示（采用两位有效数字）。

（4）若所有平板上为蔓延菌落而无法计数，则报告菌落蔓延。

（5）菌落总数计算时若有两个连续稀释度的平板菌落数在适宜计数范围内，按下列公式计算：

$$N= \sum C/ \ (n_1+0.1n_2) \ d$$

式中：

N——样品中菌落数；

$\sum C$——平板（含适宜范围菌落数的平板）菌落数之和；

n_1——第一稀释度（低稀释倍数）平板个数；

n_2——第二稀释度（高稀释倍数）平板个数；

d——第一稀释度稀释因子。

（6）注意无菌操作，防止污染。若空白对照上有菌落生长，则检测结果无效。

二、大肠菌群计数（MPN法）

大肠菌群是在一定培养条件下能发酵乳糖、产酸产气的需氧和兼性厌氧革兰阴性无芽孢杆菌的总和，是反映兔肉食品在屠宰加工等过程中是否符合卫生要求的一项重要微生物指标。MPN法适用于含菌数量较少的肉品中大肠菌群的计数，此处以GB 4789.3—2016中MPN法进行介绍。

1．大肠菌群MPN计数法检验程序

见图4-40。

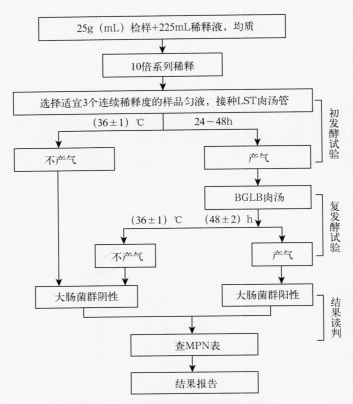

图4-40　大肠菌群MPN检验流程图

2. 检测操作

（1）检样均质处理与稀释　见图4-35和图4-36。

（2）初发酵试验　每个样品，选择3个适宜的连续稀释度样品匀液，每个稀释度接种3管LST肉汤，每管接种1mL（图4-41）。

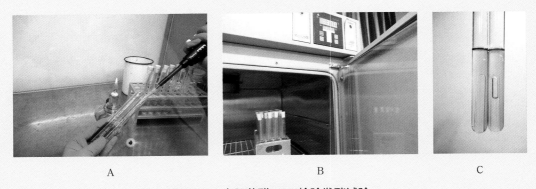

A　　　　　　　　　　　　B　　　　　　　　　　　　C

图4-41　大肠菌群MPN检验发酵试验

A. LST样品接种　B. 细菌37℃培养48h　C. 发酵试验结果读判（右管浑浊产气为阳性管）

（3）复发酵试验（证实试验） 见图4-42。

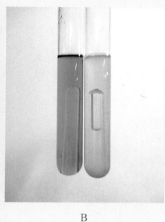

A   B

图4-42　大肠菌群MPN检验发酵试验

　　A.取LST产气管培养物1环移种BGLB肉汤，37℃培养（48±2）h　B.复发酵试验结果读判（右管浑浊产气为阳性管）

3．结果读判与报告

BGLB管产气者（图4-42B），计为大肠菌群阳性管。根据不同稀释度阳性管数在GB 4789.3—2016中MPN法的MPN检索表查取每克（毫升）检样中大肠菌群MPN值。

4．注意事项

（1）样品匀液pH应在6.5~7.5，从制备样品匀液至样品接种完毕，全过程不得超过15 min。

（2）检验过程中应遵循无菌操作原则，防止一切可能的外来污染。

第四节　肉品中非法添加物的测定（水分含量测定）

一、直接干燥法水分测定

1．直接干燥法测水分的操作程序

兔肉中水分的直接干燥法测定主要包括样品处理、称量瓶恒重、试样称重、干燥和结果计算等部分，见图4-43。

2．水分测定

（1）样品制备与处理　按照《食品安全国家标准　食品中水分的测定》（GB 5009.3—2016）要求进行样品处理（图4-44）。

（2）称量瓶恒重　见图4-45。

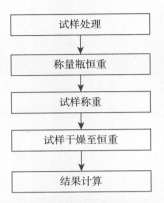

图4-43　直接干燥法水分测定的程序

图4-44　试样处理待检

A　　　　　　　　　　　　　B

图4-45　称量瓶干燥恒重

A.称量瓶干燥处理　B.恒重称量

（3）加样　见图4-46。

图4-46　加样

（4）试样干燥处理　见图4-47。

A　　　　　　　　　　B　　　　　　　　　　C

图4-47　试样干燥恒重

A.试样放入干燥箱　B.试样干燥处理　C.试样干燥恒重

3. 结果读判

按下列公式计算试样中水分含量X（g/100g）：

$$X = 100 \times \frac{M_1 - M_2}{M_1 - M_3}$$

式中：

M_1——称量瓶和试样的质量，单位为g；

M_2——称量瓶和试样干燥后的质量，单位为g；

M_3——称量瓶的质量，单位为g。

4．注意事项

（1）两次恒重值在最后计算中，取质量较小的一次称量值。

（2）水分含量计算结果保留三位有效数字；在重复性条件下获得的两次独立测定结果的绝对差值不得超过算术平均值的10%。

（3）冻肉的水分含量X（g/100g）按下式计算：

$$X = \frac{(m_1 - m_2) + m_2 \times c}{m_2} \times 100$$

式中：

m_1——解冻前样品的质量，单位为g；

m_2——解冻后样品的质量，单位为g；

c——解冻后样品中水分百分率。

二、蒸馏法水分测定

1．蒸馏法测水分的操作程序

兔肉中水分的蒸馏法测定主要包括样品处理、甲苯蒸馏处理、试样称重、干燥和结果计算等部分，见图4-48。

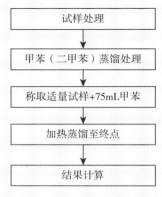

图4-48　蒸馏法测定水分含量的程序

2．测定

（1）样品制备与处理　样品采集与制备同直接干燥法。

（2）甲苯（二甲苯）蒸馏　见图4-49、图4-50。

图4-49　甲苯的水饱和与去水

图4-50　新蒸馏甲苯收集

（3）水分蒸馏分析　见图4-51至图4-55。

图4-51　称量适量肉样（鲜肉）于蒸馏瓶　　　　图4-52　加入75mL新蒸馏甲苯

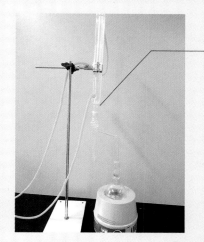
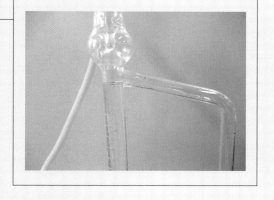

图4-53　蒸馏器的组装与处理

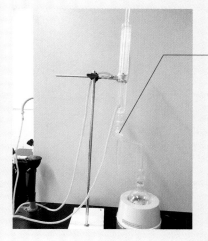
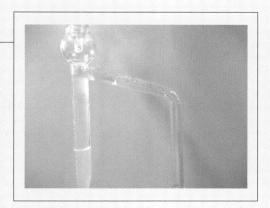

图4-54　加热蒸馏

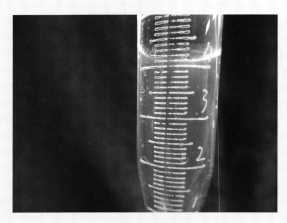

图4-55　加热终点蒸馏水分体积读数

3．结果读判

根据以下公式计算待测样品水分含量X（mL/100g）：

$$X=\frac{V-V_0}{m}\times 100$$

式中：

V——接收管内水的体积，单位为mL；

V_0——做试剂空白时，接收管内水的体积，单位为mL；

m——试样的质量，单位为g。

4．注意事项

（1）必须同时做甲苯（或二甲苯）的试剂空白；

（2）蒸馏时，先慢慢加热蒸馏，使每秒钟的馏出液为2滴，待大部分水分蒸出后，加速蒸馏约每秒钟4滴。水分全部蒸出，即加热蒸馏时接收管内的水体积不再增加。

（3）在重复性条件下获得的两次独立测定结果的绝对差值不得超过算术平均值的10%。

（4）结果以重复性条件下获得的两次独立测定结果的算术平均值表示，保留三位有效数字。

第五章

兔屠宰检验检疫结果处理及记录

第一节　兔屠宰检验检疫结果处理

一、宰前检验检疫结果处理

（一）入场验收

（1）运输过程中死亡的、有传染病或疑似传染病的、来源不明或证明文件不全的，拒绝接收。

（2）证件齐全、临床健康情况良好者消毒收证（图5-1），入场静养。

（二）现场核查结果处理

现场核查结果处理流程见图5-2。

图5-1　入场验收合格者送待宰间静养

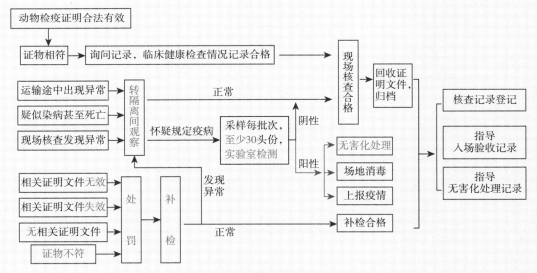

图5-2　现场核查结果处理流程

（1）动物检疫合格证明合法有效，证物相符且询问记录、临床健康检查情况记录确实者，或者发现异常情况经实验室检测确认无规定疫病者，现场核查合格，收回动物检疫合格证明（图5-3）。

（2）无动物检疫合格证明或动物检疫合格证明无效、失效，或证物不符的，按有关规定进行处罚。具备条件的，依据《兔产地检疫规程》实施补检。

图5-3　回收动物检疫证明

图5-4　官方兽医选择场地进行补检（示例）

（3）实验室检测确认患《兔屠宰检疫规程》规定疫病的，不具备条件补检或补检不合格的，由官方兽医监督进行无害化处理。

（4）指导做好入场验收记录（图5-5）。

图5-5　现场核查后指导做好验收记录

（三）临床检查结果处理

临床检查结果处理流程见图5-6。

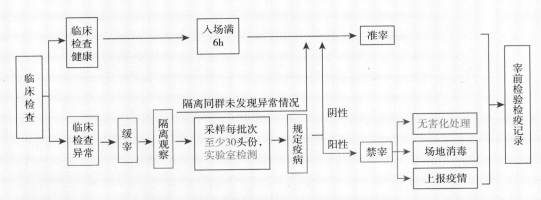

图5-6 兔屠宰检验检疫临床检查结果处理示意

1. 准宰

入场满6h，临床检查健康、未发现异常现象的，为宰前检疫合格，准予屠宰。可签发《准宰通知单》，见图5-7。

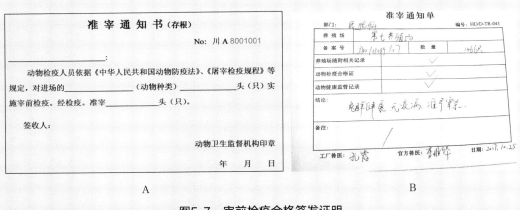

图5-7 宰前检疫合格签发证明

A. 空白准宰通知书参考图例 B. 准宰通知书图例

2. 急宰、缓宰、禁宰

怀疑患有《兔屠宰检疫规程》规定疫病及临床检查发现其他异常情况者缓宰，隔离观察，并送实验室检测。实验室检测确认无《兔屠宰检疫规程》规定疫病的，准予屠宰。实验室检测确认为《兔屠宰检疫规程》规定疫病的，禁宰（图5-8），签发检疫处理通知单（图5-9），上报疫情。官方兽医监督厂方进行无害化处理，监督场（厂、点）方对处理病兔的待宰圈、急宰间以及隔离圈等按规定消毒处理（图5-10）。

急宰、缓宰、禁宰通知书（存根）

No: 川A　3008051

＿＿＿＿＿＿＿＿＿＿＿：

　　动物检疫人员依据《中华人民共和国动物防疫法》、《屠宰检疫规程》等规定，对进场的＿＿＿＿＿＿＿＿（动物种类）＿＿＿＿＿＿头（只）实施宰前检疫。经检疫，急宰＿＿＿＿＿＿头（只），缓宰＿＿＿＿＿＿头（只），禁宰＿＿＿＿＿＿头（只）。

签收人：

动物卫生监督机构印章

年　　月　　日

图5-8　缓宰通知书（供参考图例）

No: 川A 7002501

动物检疫判定书

＿＿＿＿＿＿＿＿＿＿＿：

　　你（单位）的＿＿＿＿头（只）＿＿＿＿＿＿（动物种类）和＿＿＿＿＿＿公斤（张）＿＿＿＿＿＿＿＿（动物产品种类）经我所检疫，为（□检疫不合格动物、□检疫不合格动物产品）。

当事人签名：

动物卫生监督机构印章
年　月　日

动物检疫处理通知单

＿＿＿＿＿＿＿＿＿＿＿：

　　按照《中华人民共和国动物防疫法》、《动物检疫管理办法》和《病害动物和病害动物产品生物安全处理规程》的有关规定，你（单位）需对检疫不合格的＿＿＿＿头（只）＿＿＿＿＿（动物种类）和＿＿＿＿＿＿公斤（张）＿＿＿＿＿＿（动物产品种类）按规定进行处理（□焚毁 □深埋 □化制 □高温 其他＿＿＿＿＿＿）。

当事人签名：

动物卫生监督机构印章
年　月　日

图5-9　动物检疫处理通知单

图5-10　待宰间、隔离间消毒

二、宰后检验检疫结果处理

（一）合格肉品的处理

经宰后检疫合格，由官方兽医出具动物检疫合格证明（图3-97、图5-11），在肉品包装上加施检疫标志（图3-98、图5-12）。

图5-11　合格兔肉的动物检疫合格证明

图5-12　合格兔肉外包装的动物检疫合格标志

经宰后检验（含品质检验）合格，厂方出具肉品品质检验合格证（国内目前尚未实施兔肉品质检验合格证，出厂时出具成品检验报告（图3-90），施加（粘贴）检验合格标签（图5-13），并填写产品加工情况记录表。经出厂检验合格者允许出厂。

图5-13　合格兔肉内包装施加的检验合格标签

（二）不合格肉品的处理

宰后检疫发现规定疫病的，病兔胴体及怀疑被污染的胴体、内脏和相关副产品直接剔除放入防漏容器中（图5-14）运至无害化处理间做无害化处理，屠宰加工等场地按照相关规定实施严格消毒。品质检验不合格者，直接剔除废弃进行无害化处理，禁止出厂。

图5-14　宰后检验检疫不合格产品直接放入
防漏容器

三、无害化处理

患病毛兔、经检验检疫不合格产品及不可食用部分放入防漏容器，由密闭的专用运输车运送，按照国家规定的方式进行无害化处理（图5-15至图5-18）。

图5-15　无害化处理运输专用车　　　　图5-16　无害化处理车辆消毒

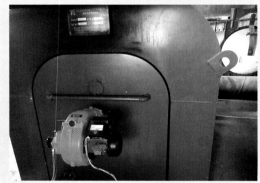

图5-17　病害动物尸体、不合格产品化制处理　　图5-18　病害动物尸体、不合格产品焚烧处理

第二节　兔屠宰检验检疫记录

　　屠宰检验检疫记录作为动物检验检疫工作档案的重要部分，是食品安全可追溯体系建设和痕迹化管理以及保障动物产品安全的关键环节。根据《动物检疫工作记录规范》和《兔屠宰检疫规范》要求，兔屠宰检验检疫记录主要包括检疫申报受理单、宰前检疫、宰后检疫、屠宰检疫工作情况日记录表、屠宰检疫无害化处理情况日汇总表等记录，以及入场验收登记、屠宰加工、无害化处理

等情况记录。

一、兔屠宰宰前检验检疫记录

（1）官方兽医监督指导屠宰场做好入场验收登记相关记录（图5-19）。

（2）检疫申报受理、现场核查、宰前检疫等记录（图5-20）。

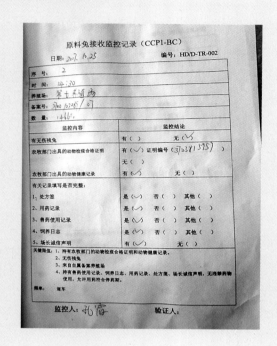

图5-19 入场检验记录参考图

A.入场检验记录表（参考） B.入场检验记录表图例

动物宰前检疫原始记录

	动物数量			_____头/只
临床检查	群体检查	静态观察	精神状态和呼吸状态	异常的_____头/只
			鼻孔分泌物	异常的_____头/只
			皮肤颜色是否正常	异常的_____头/只
			皮肤有无红色斑点、肿块、疹块	异常的_____头/只
			鼻盘及蹄部水泡与烂斑	异常的_____头/只
			乳房有无异常	异常的_____头/只
		动态观察	运动失调、肢体麻痹等症状	异常的_____头/只
		饮食态观察	饮水饮食有无异常	异常的_____头/只
		有无其他异常情况		异常的_____头/只
		有无死亡动物		死亡_____头/只
	个体检查	用群检方法再作细致抽查（60-100只），有无异常		异常的_____头/只
		体温抽查_____头/只		异常的_____头/只
	需要进行实验室检测的检测情况			□合格 □不合格
	其他需要检查项目：_____头/只，不合格数：_____头/只			
检查不合格的具体描述				
检查结论	准宰_____只，急宰_____只，缓宰_____只，禁宰_____只			
检查时间	年 月 日	检疫人员签名		
业主签名		官方兽医签名		

C

图5-20 宰前检疫环节记录参考图例

A.检疫申报受理单 B.现场核查记录表 C.宰前检疫记录

二、兔屠宰宰后检验检疫记录

（1）官方兽医监督指导屠宰场做好屠宰、检验、无害化处理等相关记录（图5-21、图5-22）。

宰后检验记录表

单位：_____只　　　　疾病和异常数：_____只　　　　日期：_____

加工数量：_____只　　　　　　　　　　　　　　　　　　　产地：_____

疾病名称异常原因	数量	判定处理方式		废弃部分处理方法			备注
		部分废弃	全部废弃	高温	焚烧	其他	
烈性传染病			√				野兔热，黏液瘤，兔瘟，兔巴氏杆菌病等
结核			√				
球虫病		√	√				严重的广泛性球虫全部废弃，局部器官性球虫部分废弃
皮肤寄生虫			√				
黄疸			√				
肿瘤			√				
黄脂肪		√					修除黄色脂肪
放血不良			√				
颜色气味异常			√				
全身瘠瘦			√				
广泛性瘀伤			√				
局部性瘀伤		√					
胴体污染		√	√				严重污染全部废弃，局部污染部分废弃
有毒有害物质超标			√				
其他			√				

工厂兽医：　　　　　　　　　　　　　　　　　　　处理人：

A

B

图5-21 宰后检验记录参考图
A. 宰后检验记录表 B. 宰后检验记录表图例

毛兔屠宰、检验、无害化记录表

单位：   日期：

屠宰加工数量：   只   疾病和异常数：   只   产地：

疾病名称异常原因	数量	判定处理方式		无害化处理方法			备注
		宰前检验检疫（扑杀销毁）	宰后检验检疫（废弃）	化制	销毁	其他	
烈性传染病		√	√				野兔热，黏液瘤，兔瘟，兔巴氏杆菌病等
结核			√				
球虫病		√	√				严重性球虫全部废弃，局部器官性球虫部分废弃
皮肤寄生虫			√				
黄疸			√				
肿瘤			√				
黄脂肪			√				修除黄色脂肪
放血不良			√				
颜色气味异常			√				
全身瘦瘠			√				
广泛性瘀伤			√				局部瘀伤进行修整
胴体污染			√				严重污染全部废弃，局部污染部分废弃
有毒有害物质超标			√				
其他			√				

工厂兽医：   处理人：

图5-22 屠宰、检验、无害化处理记录参考图例

（2）填写检疫记录（图5-23）、屠宰检疫工作情况日记录表（图5-24）、屠宰检疫无害化处理情况日汇总表（图5-25）等。

动物宰后检疫原始记录

检疫内容		屠宰数量	_____头/只
	头蹄及体表检查	皮肤有无病变	异常的___头/只
		头部、蹄部有无水疱、烂斑	异常的___头/只
		畜禽标识是否回收	是□ 否□
	内脏检查	心脏形状、大小、色泽、弹性有无异常、病变	异常的___头/只
		肺脏形状、大小、色泽、弹性有无异常、病变	异常的___头/只
		肝脏形状、大小、色泽、弹性有无异常、病变	异常的___头/只
		脾脏形状、大小、色泽、弹性有无异常、病变	异常的___头/只
		胃肠粘膜有无病变，肠系膜淋巴结有无病变	异常的___头/只
	胴体检查	皮肤、肌肉、脂肪、淋巴结、胸腔、腹腔有无异常	异常的___头/只
		肾脏形状、大小、色泽、弹性有无异常、病变	异常的___头/只
	复检	对上述检疫情况进行复查，有无异常	异常的___头/只
检疫不合格的具体描述			
检疫结论	合格_____头/只，不合格_____头/只共_____公斤		
检疫时间	年 月 日	检疫人员签名	
业主签名		处理人	

图5-23　宰后检疫记录参考图例

屠宰检疫工作情况日记录表

动物卫生监督所（分所）名称：　　　　　　　屠宰场名称：　　　　　　　屠宰动物种类：

申报人	产地	入场数量(头、只、羽、匹)	入场监督查验		宰前检查		同步检疫			官方兽医姓名	备注
			临床情况	是否佩戴规定的畜禽标识	回收《动物检疫合格证明》编号	合格数(头、只、羽、匹)	不合格数(头、只、羽、匹)	合格数(头、只、羽、匹)	出具《动物检疫合格证明》编号	不合格并处理数(头、只、羽、匹)	
合计											

检疫日期：　年 月 日

图5-24　屠宰检疫工作情况日记录表

屠宰检疫无害化处理情况日汇总表

动物卫生监督所（分所）名称：　　　　　　　　　　　　　　　　　　　　　　　　　　　屠宰场名称：

货主姓名	产地	《检疫处理通知单》编号	宰前检查		同步检疫		官方兽医姓名
			不合格数量（头、只、羽、匹）	无害化处理方式	不合格数量（头、只、羽、匹）	无害化处理方式	
合计							

检疫日期：　　年　　月　　日

图5-25　屠宰检疫无害化处理情况日汇总表

三、记录保存

动物检疫合格证明存根及检疫记录应当保存2年以上，检疫相关电子记录应当保存10年（图5-26）。

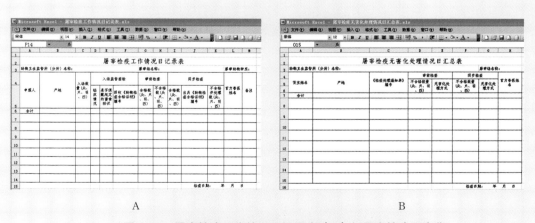

图5-26　屠宰检疫工作情况日记录表（A）与屠宰检疫无害化
处理情况日汇总表（B）的电子记录

第三节　兔屠宰检验检疫证章标识（志）的使用

农业农村部统一制定动物卫生证章标识（志）的内容、格式、规格、质量标准和生产要求，并根据国家有关规定确定动物卫生证章标识（志）生产厂家，实行定点生产。农业农村部尚未设定者，省级兽医主管部门设定后报农业部备案在本省内使用。

动物卫生证章标识（志）由各级动物卫生监督机构逐级上报订购计划，省级动物卫生监督机构统一订购。生产厂家应按时向省级动物卫生监督机构供应动物卫生证章标识（志）；动物卫生证章标识（志）由各级动物卫生监督机构逐级发放；使用单位向同级动物卫生监督机构购领，下级动物卫生监督机构向上一级监督机构购领。各级动物卫生监督机构应当建立动物卫生证章标识（志）发放、领取登记制度，实行专人管理、专库存放、设立台账，实施信息化管理。确保动物卫生证章标识（志）保管严格、使用的主体与程序合法规范，回收销毁要备案。

兔屠宰检验检疫工作涉及的证、章、标识（志）主要包括动物检疫合格证明、肉品品质检验合格证、检疫（验）专用印章、动物检验检疫合格标识（志）等。

一、证

1. 检疫申报（受理）单

检疫申报（受理）单（图5-27）由农业农村部制定格式与监制。毛兔屠宰检疫申报方式为现场申报，屠宰场至少在毛兔宰前6h填写检疫申报（受理）单，动物卫生监督机构根据《兔屠宰检疫规程》相关规定进行审查决定是否受理。

2. 检疫处理通知单

《检疫处理通知单》（图5-28）由农业农村部制定格式与监制。毛兔宰前检疫或者宰后检疫不合格时，依据相关规定做出隔离观察（缓宰）、急宰、禁宰或者无害化处理等处理决定，出具检疫处理通知单。

检 疫 申 报 单
（货主填写）

申报处理结果
（动物卫生监督机构填写）

检 疫 申 报 受 理 单
（动物卫生监督机构填写）
No.

编号：
货主：
联系电话：
动物/动物产品种类：
数量及单位：
来源：
用途：
启运地点：
启运时间：
到达地点：
    依照《动物检疫管理办法》规定，现申报检疫。
货主签字（盖章）：
申报时间：___年____月___日

□ 受理。拟派员于
__年__月__日到
_____实施检疫。
□ 不受理。
理由：_____
_____

经 办 人 ：
年 月 日

处理意见：
□ 受理。本所拟于___年___月___日
派员到_____实施检疫。
□ 不受理。理由：_____
_____

经办人：   联系电话：

动物检疫专用章
年 月 日

注：本申报单规格为210mm×70mm，其中左联长110mm，右联长100mm。

（动物卫生监督机构留存）

（交货主）

图5-27 检疫申报（受理）单图例

检疫处理通知单

编号：_____

_____：

    按照《中华人民共和国动物防疫法》和《动物检疫管理办法》有关规定，你（单位）的_____
_____经检疫不合格，根据_____
_____
之规定，决定进行如下处理：

一、_____
二、_____
三、_____
四、_____

动物卫生监督所（公章）

年 月 日

官方兽医（签名）：

当事人签收：

备注：1.本通知单一式二份，一份交当事人，一份动物卫生监督所留存。
      2.动物卫生监督所联系电话：
      3.当事人联系电话：

图5-28 检疫处理通知单

3. 准宰通知单（书）

活兔宰前检疫合格，依据《兔屠宰检疫规程》，可出具准宰通知书（图5-29）。

准 宰 通 知 书（存根）

No：川 A 8001001

____________________：

动物检疫人员依据《中华人民共和国动物防疫法》、《屠宰检疫规程》等规定，对进场的____________（动物种类）__________头（只）实施宰前检疫。经检疫。准宰__________头（只）。

签收人：

动物卫生监督机构印章

年 月 日

准 宰 通 知 书

No：川 A 8001001

____________________：

动物检疫人员依据《中华人民共和国动物防疫法》、《屠宰检疫规程》等规定，对进场的____________（动物种类）__________头（只）实施宰前检疫。经检疫。准宰__________头（只）。

签收人：

动物卫生监督机构印章

年 月 日

图5-29 准宰通知单(示例)

4．动物检疫合格证明

动物检疫合格证明由农业农村部制定和监制，是动物与动物产品上市流通的合法有效凭证。动物检疫合格证明有4种样式（图5-30），兔屠宰检验检疫工作中，样式A/C的证明由官方兽医收回，屠宰检疫合格，官方兽医出具B/D样式的动物检疫合格证明。

附件 1 **动 物 检 疫 合 格 证 明**（动物 A）

编号：

货 主			联系电话		
动物种类			数量及单位		
启运地点	省 市（州） 县（市、区） 乡（镇） 村（养殖场、交易市场）				
到达地点	省 市（州） 县（市、区） 乡（镇） 村（养殖场、屠宰场、交易市场）				
用 途		承 运 人		联系电话	
运载方式	□公路 □铁路 □水路 □航空			运载工具牌号	
运载工具消毒情况	装运前经__________消毒				
本批动物经检疫合格，应于______日内到达有效。 官方兽医签字：________ 签发日期： 年 月 日 （动物卫生监督所检疫专用章）					
牲 畜 耳标号					
动物卫生监督检查站签章					
备 注					

第 联 共 联

注：1. 本证书一式两联，第一联由动物卫生监督所留存，第二联随货同行。

2. 跨省调运动物到达目的地后，货主或承运人应在 24 小时内向输入地动物卫生监督机构报告。

3. 牲畜耳标号只需填写后 3 位，可另附纸填写，需注明本检疫证明编号，同时加盖动物卫生监督机构检疫专用章。

4. 动物卫生监督所联系电话：

动 物 检 疫 合 格 证 明（产品 A）

编号：

货 主		联系电话	
产品名称		数量及单位	
生产单位名称地址			
目的地	省 市（州） 县（市、区）		
承运人		联系电话	
运载方式	□公路 □铁路 □水路 □航空		
运载工具牌号		装运前经__________消毒	
本批动物产品经检疫合格，应于______日内到达有效。 官方兽医签字：________ 签发日期： 年 月 日 （动物卫生监督所检疫专用章）			
动物卫生监督检查站签章			
备注			

第 联 共 二 联

注：1. 本证书一式两联，第一联由动物卫生监督所留存，第二联随货同行。

2. 动物卫生监督所联系电话：

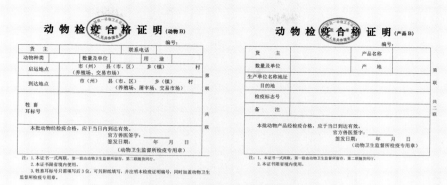

图5-30 动物检疫合格证明的4种样式

5. 肉品品质检验合格证

经肉品品质检验合格的动物产品，屠宰厂（场、点）应当加盖肉品品质检验合格验讫印章或者附具肉品品质检验合格证。目前仅有生猪统一的专用肉品品质检验合格证实施（图5-31），而兔用肉品品质检验合格证格式尚待制定，兔屠宰加工厂一般出具产品出厂检验报告（同图3-90）。

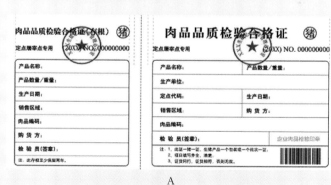

A

B

图5-31 猪肉专用肉品品质检验合格证参考图

A. 参考样稿 B. 图例

二、章

1. 检疫（验）专用章

由农业农村部统一规定印模样式（图5-32）及使用说明。官方兽医出具的动物检疫合格证明必须签字（章）和加盖动物卫生监督机构检疫（验）专用章。

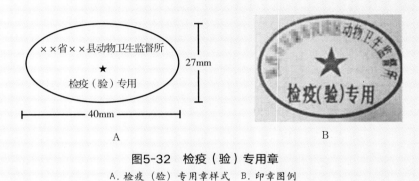

图5-32　检疫（验）专用章

A.检疫（验）专用章样式　B.印章图例

2. 检疫验讫印章

动物产品经过检疫，应当根据检疫结果，在胴体上加施相应的检疫验讫印章（图5-33）。因兔胴体多去皮胴体，且不合格时直接剔除置入防漏容器，因此，常不使用检疫验讫印章（过去曾在兔胴体后肢使用过针刺检疫印讫）。

图5-33　检疫验讫印章

A.“验讫”滚章（48mm×121mm）　B.“高温”三角形章（边长45mm）

C.“销毁”长方形章（55mm×35mm）

3. 肉品品质检验合格验讫印章

此章是动物产品上市流通的合法有效凭证，对于生猪来讲，分为大、小两枚印章（图5-34），大圆形章加盖于检验合格的胴体（一般是带皮胴体），小圆形章加盖于肉品品质检验合格证（图5-31）。目前国内尚未出台兔屠宰产品品质检验规程及相关肉品品质检验合格验讫印章规定。

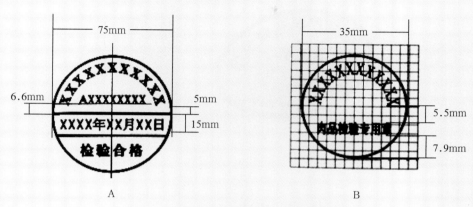

图5-34　肉品品质检验合格验讫印章
A. 大圆形章　B. 小圆形章（2×）

三、标识（志）

1. 动物检疫合格标识

动物检疫合格标识由农业农村部制定和监制，是畜禽产品上市流通的合法有效凭证。该标识包括内粘贴标识（小标签）和外粘贴标识（大标签）（图5-35）。经加工分割、包装的兔肉产品检疫合格后，分别在包装袋及包装箱上粘贴动物检疫合格标识（图5-36）。

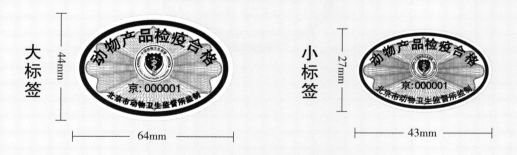

图5-35　动物产品检疫合格标识样

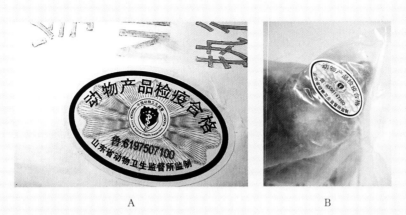

A   B

图5-36　兔屠宰产品外包装（A）和内包装上（B）的动物产品检疫合格标签

2. 肉品品质检验合格标识

肉品品质检验合格标识（图5-37）由省级畜牧兽医主管部门监制，是动物产品上市流通的合法有效凭证。经肉品品质检验合格者，屠宰厂（场、点）应当在肉品的外包装上粘贴肉品品质检验合格标识，目前兔肉产品品质检验合格标识的格式尚未公布。

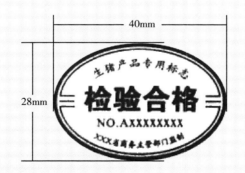

图5-37　肉品品质检验合格标识样图（生猪用）

参考文献

程相朝，薛帮群.2009.兔病类证鉴别诊断彩色图谱[M].北京：中国农业出版社.

家畜屠宰质量管理规范（NY/T 1341—2007）.

牛羊屠宰产品品质检验规程（GB/T 18393—2001）.

农业部.2015.全国畜禽屠宰检疫检验培训教材[M].北京：中国农业出版社.

任克良，陈怀涛.2014.兔病诊疗原色图谱[M].北京：中国农业出版社.

肉与肉制品感官评定规范（GB/T 22210—2008）.

肉与肉制品术语（GB/T 19480—2009）.

生猪屠宰产品品质检验规程（GB/T 17996—1999）.

食品安全国家标准食品微生物学检验　大肠菌群计数（GB 4789.3—2016）.

食品安全国家标准食品微生物学检验　菌落总数测定（GB 4789.2—2016）.

食品安全国家标准食品中水分的测定（GB 5009.3—2016）.

食品安全国家标准鲜（冻）畜、禽产品（GB 2707—2016）.

食品安全国家标准　畜禽屠宰加工卫生规范（GB 12694—2016）.

宋慧敏，耿士伟，冯三令，等，2008．高效液相色谱法测定饲料中土霉素[J].中国农业科技导报，10（S2）：43-47.

孙锡斌.2006.动物性食品卫生学[M].第4版.北京：高等教育出版社.

鲜、冻肉生产良好操作规范（GB/T 20575—2006）.

鲜、冻兔肉（GB/T 17239—2008）.

谢晓红，易军，赖松家.2013.兔标准化规模养殖图册[M].北京：中国农业出版社.

畜禽屠宰卫生检疫规范（NY 467—2001）.

张朝明，吴晗，李汉堡，等.2017.完善我国屠宰检验检疫制度的思考[J].动物检疫，34（12）：28-31.

张彦明，佘锐萍.2014.动物性食品卫生学[M].第4版.北京：中国农业出版社.

中国动物疫病预防控制中心（农业部屠宰技术中心）.2016.畜禽屠宰法规标准选编[M].北京：中国农业出版社.

致谢

  本书的编写得到四川农业大学、山东省畜牧兽医局、山东省动物卫生监督所、四川省动物卫生监督所、淄博市动物卫生监督所、临沂县动物卫生监督所、山东海达食品有限公司、邛崃科农无害化处理有限公司等相关单位的大力支持与帮助，在此一并表示感谢！